本书获"河北大学一流大学建设项目"资助出版

Intelligent Forecasting of Chaotic Time Series and Its Application

混沌时间序列智能预测方法及其应用

李 松 刘力军/著

科学出版社
北 京

内 容 简 介

本书研究了混沌时间序列智能预测方法及其应用，构建了不同类型的混沌时间序列智能预测模型，并用实际数据进行了实证分析。主要内容包括混沌理论基本原理、常用混沌时间序列预测方法、混沌时间序列的神经网络预测方法、遗传算法优化 BP 神经网络的混沌时间序列预测方法、粒子群算法优化 BP 神经网络的混沌时间序列预测方法、混沌时间序列的 SVM 预测方法、基于信息粒化的 SVM 混沌时间序列预测方法等。在应用方面，探讨了各种混沌时间序列智能预测方法在典型混沌时间序列、沪深股票指数以及城市交通流等不同学科领域的应用。

本书可供管理学、经济学、系统工程等有关专业的研究者、科研人员和工程技术人员及高等院校相关专业师生阅读参考。

图书在版编目(CIP)数据

混沌时间序列智能预测方法及其应用／李松，刘力军著．—北京：科学出版社，2017.6

ISBN 978-7-03-053187-2

Ⅰ.①混…　Ⅱ.①李…　②刘…　Ⅲ.①时间序列分析　Ⅳ.①O221.61

中国版本图书馆 CIP 数据核字（2017）第 125613 号

责任编辑：林　剑　杨逢渤／责任校对：张凤琴

责任印制：吴兆东／封面设计：无极书装

科学出版社出版

北京东黄城根北街 16 号

邮政编码：100717

http://www.sciencep.com

北京虎彩文化传播有限公司印刷

科学出版社发行　各地新华书店经销

*

2017 年 6 月第　一　版　开本：720×1000　B5

2023 年 1 月第四次印刷　印张：12 1/2

字数：251 000

定价：78.00 元

（如有印装质量问题，我社负责调换）

前　言

科学研究的最终目的是弄清楚事物之间的因果关系，其中包括事物的发展规律及事物的过去、现在和将来，而预测正是根据事物自身的发展规律来解释它的将来。通常的做法是根据实际问题正确地建立描述系统的动态数学模型，然后求解这个数学模型，最后反过来根据计算结果进行预测。传统的时间序列预测方法主要分为线性法和非线性法两大类。线性法将时间序列看成是平稳的线性系统，用线性模型逼近。典型的线性时间序列预测方法有自回归模型、移动平均模型等。线性法原理相对简单易懂，前人做了大量的研究工作，理论与方法比较完善、成熟。但现实中大量的时间序列是非平稳、非线性的，隐含着丰富而复杂的系统信息，无法用线性模型取得令人满意的结果，因此出现了非线性预测法，用非线性模型描述系统特性。

上述两类传统预测方法的共同特点是必须先建立系统的主观模型，再通过模型进行分析和预测。一方面，这就要求在掌握足够的样本容量和信息量的基础上，对研究对象有准确的认识，这样的要求往往是无法满足的，现实中更多的是要求在掌握少量样本和信息的情况下进行分析和预测，因此这两类传统方法的应用受到了限制。另一方面，这两类模型建立的过程中需要主观地选用现有的某种模型结构来逼近原系统，增加了人为主观性，影响最后结果的准确度。

另外，传统预测方法片面地认为一个系统的确定性和随机性是独立、矛盾、不可能同时存在的，但这并不符合真实系统的性质，实际系统往往是确定性与随机性并存。因此，催生了一个新兴的学科分支——混沌时间序列预测。

混沌现象广泛存在于自然系统和社会系统中，它是介于确定和随机之间的一种不规则运动，是一种由确定的非线性动力学系统生成的复杂行为。混沌在许多实际系统中已经得到较为广泛的应用，如社会经济、生物医学、电力、交通、通信、声学、化学等。混沌理论认为，某些复杂的非线性系统对初始条件具有很强的敏感性，在实际中往往很难绝对准确或全面地测量初始条件，甚至在某些情况下无法确切知道影响系统的初始条件有哪些，因此对这类系统进行长期预测是不可能的。但在这表面的随机性中蕴藏着系统的内在秩序确定性，而非完全随机性，使得短期预测又具有可行性。而且在很多实际应用中，出于实用考虑也只需要进行短期预测，如电力负荷的短期需求、交通流预测、股票市场的短期涨跌趋势，长期预测相对而言反而意义不大。所以混沌时间序列短期预测研究具有实用价值。

混沌时间序列预测的基本思想是构造一个非线性映射来近似地还原原系统，这一非线性映射即为要建立的预测模型。相对于传统预测方法，混沌时间序列预测方法的最大优点在于不必事先建立一个主观模型，再通过对这个模型的微调来拟合原系统，而是直接根据序列本身的客观规律进行预测，这样可以最大限度地避免人为主观性，提高预测的精度和可信度。而且混沌方法有更广阔的适用范围，即系统适应性好，而不像传统预测方法仅仅适用于某一类具有特定特征的系统。

混沌时间序列预测作为一种新型的非线性系统预测理论，研究如何由时间序列通过相空间重构，从另一个维度和视角来辨识系统，挖掘系统中蕴藏的规律，并预测系统的未来走势，而忽略因变量背后众多影响因素和复杂的影响机理，省却了大量繁琐的工作，这提供了一种全新的预测思路，非常适合于那些总体呈现确定性，但又具有某种程度随机性的复杂系统，如管理系统、经济系统、气候系统、交通系统、电力系统等，因而具有很强的实用价值和应用前景。本书对混沌理论在时间序列预测中的应用进行了较深入的研究，取得了较好的成果。

本书的出版得到了“河北大学一流大学建设项目”基金的资助，在此谨致谢意。

本书的部分研究成果来自于河北省高等学校人文社会科学研究重点项目（SKZD2011106，SKZD2011111）、河北省软科学研究计划项目（15456110D）、河北省自然科学基金项目（E2012201002）、国家自然科学基金资助项目（50478088）等，在此谨致谢意。

同时，感谢所有被本书直接或间接引用文献资料的同行学者。

特别感谢天津大学贺国光教授在本书撰写和修改过程中的耳提面授、挑灯修改，给予的无限帮助与激励。

感谢翟曼、王文旭、王朝、刘颖鹏、郝青、王柳、李妍等研究生所做的大量工作。

作　者

2016 年 12 月

目　录

第1章　绪　　论

预测作为一种社会实践活动，已有几千年的历史。它是适应社会经济的发展和管理的需要而产生、发展起来的。预测真正成为一门自成体系的独立的学科仅仅是近几十年的事情。特别是第二次世界大战以后，由于科学技术和世界经济取得了前所未有的快速发展，社会经济现象的不确定因素显著增加，如政治危机、经济危机、能源危机、恐怖活动等。所有这些不确定因素增加了人们从心理上了解和掌握未来的必要性和迫切性。人们日益意识到科学预测的重要性，这也成为预测学科进一步发展的推动力。

1.1　预测的基本概念

1.1.1　预测的定义

科学的目的就是要发掘事物的因果关系。一个理论能否被接受，很重要的一个条件在于它能否对事物的客观规律做出一定的预测。根据万有引力定律，人们可以说出数千年后的日食或月食，根据爱因斯坦的相对论曾预测出光线能在强引力场中发生弯曲，并得到了实验的证明。

预测，一般是指以历史信息为研究依据，对未来尚未发生和目前尚未明确的事物进行预先的估计与推测，由已知去推测未知，从而揭示客观事实未来发展的趋势和规律，属于对事物将要发生的结果进行探讨的一种研究行为。在《韦氏国际英语词典》中，预测的定义为：“以现有的相应资料的理论研究和分析成果来计算或预报未来的某些事件或情况。”在实际研究中，预测是在掌握相关信息的基础上，运用哲学、社会学、经济学、统计学、数学、计算机、工程技术及经验分析等定性定量的方法，研究事物未来发展及其运行规律，并对其各要素的变动趋势做出估计、描述与分析的一门学科[1]。预测研究是对历史规律学习与发展的一种验证，为实际的应用提供参考，指导和调节人们未来的行为，在科学研究与社会生活各个领域中也是广泛的应用之一，具有重要的研究意义。

预测是为适应社会经济的发展和管理的需要而产生与发展起来的。作为一种社会活动，预测已经有几千年的历史。可以说，自有人类历史文明以来，就存在预测活动。

预测就是由已知推测未来，由过去和现在推测未来。它是对尚未发生或目前还不确定的事物进行预先的估计和推测。它是在一定的理论指导下，以事物发展的历史和现状为出发点，以调查研究数据和统计数据为依据，在对事物发展过程进行深刻的定性分析和严密的计量基础上，利用已经掌握的知识和手段，研究并认识事物的发展变化规律，进而对事物发展的未来变化预先做出科学的推测，预测具有科学性、近似性、局限性。

1.1.2 预测的原则

预测学突破了自然科学和社会科学的界限，已发展成为一门综合性学科，目前预测学应用研究有了很大的拓展，广泛应用于人口、环境、资源、教育、金融、交通运输、城市规划、医药卫生、材料科学、科技管理等领域。可见，预测方法与各个学科、各个部门均有密切联系。同时预测学理论研究也有了新的进展，但是我们还不能说预测学已经发展得很成熟。它仍在以较快的速度继续向前发展，并在发展过程中不断吸收其他学科的营养，进一步丰富和完善自己。一般而言，预测遵循以下基本原则[2]。

（1）连贯性原则

预测对象具有的规律性不仅在过去和现在起作用，而且在未来的一段时间内继续发挥作用，这种连贯性包括时间的连贯性和预测系统结构的连贯性。

（2）相关类推原则

预测对象的发展变化与某些因素密切相关，有的呈正相关关系，有的呈负相关关系。因此，类推原则要求在建立适当的预测模型后，根据相关因素的发展变化来类推预测对象的规律。

（3）概率性原则

预测对象的发展既受到偶然因素的影响，又受到必然因素的影响。概率性原则要求利用统计方法可以获得预测对象发展的必然规律[1]。

1.1.3 传统预测方法的分类及评价

预测根据其目标和特性不同，可以分为不同的类别。传统的预测方法按属性不同，可以分为定性预测方法和定量预测方法[3]。

定性预测方法是一种依靠人的主观判断预测未来的方法。这种方法不可能提供有关事件的确切的定量的概念，而只能定性地估计某一事件的发展趋势、优劣程度和发生的概率。定性预测是否准确完全取决于预测者的知识和经验。进行定性预测时，虽然为了汇总个人意见和综合地说明问题，也需将定性的资料进行量化，但并不改变这种方法的性质。定性预测一般用于对缺乏历史统计资料的事件进行预测。

定性预测方法的主要用途是：在定量分析之前首先进行定性分析，明确发展趋势，为定量分析做准备工作；在缺乏定量预测的数据时，直接进行预测，与定量分析方法结合使用，以提高预测的可靠程度；对定量预测的结果进行评价。

定性预测方法通常有德尔菲法、主观概率法、市场调查法、领先指标法、模拟推理法和相关因素分析法等。定性预测方法的特点可以归纳为以下几方面。

1）强调对事物发展的性质进行描述性的预测。这主要通过专家的经验以及分析判断能力，尤其是在对预测对象所掌握的历史数据不多或影响预测对象因素众多、复杂，难以做出定量分析的情况下，定性预测方法是较好的可行方法。

2）强调对事物发展的趋势、方向和重大转折点进行预测。例如，某商品在市场上所处的阶段、市场总体形势的变化、国家产业政策的变化、新产品开发、企业经营环境分析等。

从上面定性预测方法的特点可知，定性预测方法的优点在于预测事物未来发展性质方面，且定性预测方法的灵活性较强，能充分发挥人们的主观能动性。同时，定性预测方法预测简单迅速，可节省一定的人力、物力和财力。当然，定性预测方法也存在缺点，表现为它受人们主观因素影响较大。这是因为定性预测方法主要依赖于人们的知识、经验和能力等，因此缺乏相应的数学模型，难以对事物发展做出数量上的精确度量。

定量预测方法是指在大量掌握与预测对象有关的各种信息资料的基础上，运用数学方法对资料进行处理，据此建立能够反映各种变量之间的规律性联系的数学模型的预测过程。对数学方法进一步可以划分为趋势外推法和因果预测法。趋势外推法是根据预测对象的发展规律，结合对象的各种制约条件对预测对象的未来发展进行分析判断的一种预测方法。因果预测法是指根据各个变量之间的因果关系建立数学模型，对预测对象未来发展趋势的预测。定量预测方法通常有移动平均法、指数平滑法、线性回归法、非线性回归法、马尔科夫预测法、投入产出预测法、回测预测法、Box-Jenkins 模型法、经济计量模型法、干预分析模型法等。定量预测方法的特点可以归纳如下。

1）强调对事物发展的数量方面进行较为精确的预测。这主要通过历史统计数据建立相应的数学模型，对事物发展做出数量上的预测。

2）强调对事物发展的历史统计资料利用的重要性。目前，国民经济核算体系及其他统计数据正好为定量预测方法提供了信息来源。

3）强调建立数学模型的重要性，且要利用计算机来解决定量预测方法中复杂的数学模型的参数计算问题。目前，计算机技术的迅速发展，为定量预测方法提供了良好的技术条件。

从上面定量预测方法的特点可知，定量预测方法的优点偏重于预测事物未来发展数量方面的准确描述。它较少依赖于人的知识、经验等主观因素，而是更多地依赖于预测对象客观的历史统计资料，利用计算机技术对数学模型进行大量的计算而获得预测结果。其缺点是：对预测者的素质要求较高，预测者必须掌握数学方法、计算机技术及相应的专门理论；另外，定量预测方法的精确度较多地依赖于统计资料的质量和数量。同时，若预测对象的系统结构发生质的变化，相应的统计数据将发生较大的波动，此时定量预测方法难以获得满意的预测结果。

1.2 混沌时间序列预测

1.2.1 关于时间序列预测

时间序列预测最早可以追溯到几千年前，为了发展农业生产的需要，古埃及人开始关注尼罗河河水的涨落情况，经过几代人长期的观察与记录，古埃及人发现了尼罗河的涨落规律：当它开始泛滥时，清晨的天狼星正好位于地平线上，这一点天文学上称为“偕日升”，即与太阳同时升起，而洪水持续一段时间之后的土地十分肥沃，非常适于农业种植。根据这一规律，古埃及的人民每年对尼罗河河水的涨落时间情况进行记录与推算，并以此创制了太阳历，按照河水的涨落时间规律合理安排农时，获得了一次又一次的农业大丰收。这种朴素的记录与预测方法对尼罗河流域的农业生产产生了深远的影响，在早期的自然科学发展中发挥了重要作用，当时的物质生产水平因此得到了极大发展，当地人民因此而丰衣足食，同时这也促进了古埃及在宗教、建筑、医学等领域获得了更加灿烂辉煌的文明成果，使古埃及成为著名的四大文明古国之一。

时间序列是指存在于自然科学和社会科学中的某一变量或指标的数值或观测值，按照其出现时间的先后顺序，以相同的间隔时间排列的一组数值，是将某种统计指标的数值按时间先后顺序排列所形成的数列。由复杂性理论可知，时间序列中不仅包含了系统所有变量过去的信息（在允许的误差精度内），而且还包含了参与系统演化的所有变量的大量信息。预测要求根据大量的观测数据对系统进行分析，预测出系统在未来的特性，以便对系统的特性进行处理或控制。时间序列的预测是用被预测事物过去和现在的观测数据，构造依时间变化的序列模型，并借助一定的规则推测未来，是预测领域的重要组成部分，而分析观测时间序列的演变规律是掌握系统动力学特性的重要手段[4]。时间序列数据存在于自然科学和社会科学的各个领域，如天文观测、股市每日的交易价格等。时间序列预测就是根据被预测事物的过去和现在的观测数据，构造特定的模型，并借助一定的规则推测未来。时间序列预测法就是通过编制和分析时间序列，根据时间序列所反映出来的发展过程、方向和趋势，进行类推或延伸，借以预测下一段时间或以后若干年内可能达到的水平。时间序列最普遍的预测方法是模型方法，与单方程回归模型和多方程模拟模型不同，时间序列模型不是根据与其他变量的因果关系来预测一个变量的未来变化，而是根据该变量过去的变化规律来预测其未来的变化。时间序列预测模型的建立主要基于两类思想：一类思想是预测对象的未来行为取决于其他主导对象的当前或过去的行为，也就是说取决于另一个或多个时间序列，这些起主导作用的时间序列与被预测的时间序列存在共振或同步同时也要满足领先于被预测的时间序列，这就是模型相关性方法；另一类思想主要考虑时间序列未来的行为决定与其过去的历史，这种思想也体现了大多数时间序列可以预测的基本条件，即统计学方法。

时间序列预测一般分为线性时间序列预测和非线性时间序列预测两类，在线性时间序列预测领域，1970 年 Box 和 Jenkins 出版的专著 *Time Series Analysis: Forecasting and Control* 提出了线性自回归滑动平均（ARMA）模型的辨别、参数估计、适用性检验等一整套理论，标志着线性时间序列预测的理论已经日臻成熟。然而现实世界中许多时间序列数据呈现出很强的非线性特征，特别是对一些非线性复杂系统的研究中。为此，大量非线性预测模型被相继提出，如神经网络预测模型、基于软计算的预测模型和支持向量预测模型等，利用非线性模型对时间序列数据进行预测已经成为国内外研究的热点[3]。

时间序列预测研究的发展并不是一帆风顺的，而是经历了漫长而曲折的发展过程。实际的工作者和研究人员需要根据收集的一系列历史观察、统计或现有的时间序列数据，运用某些定性的或定量的分析方法，分析其随时间变化呈现的发展趋势或者遵循的某些规律，以此对事物的未来发展进行推测，对未来数据的变化过程、发展趋势或者未来可能出现的结果进行测定、估计或预报。在时间序列预测分析的过程中，人们所参照的方法或遵循的规律，往往涉及或包含了相似性分析。例如，在气象研究领域，人们认为天气变化具有季节性的特点，因此可以根据以往季节的天气数据预测未来相同季节的天气情况，在医学领域，医生可以将待治疗患者的症状和历史医疗经验中与其最相似疾病的症状进行对比，根据相似疾病的治疗经验进行诊断并制定相应的治疗方案，预测出患者未来最有可能出现的治疗结果，等等。然而在实际社会中，大多数的时间序列都是随机的，没有呈现出明显的周期或规律性特征，由于人类技术水平与认知水平的局限性，传统的时间序列预测大多是以建立简单假设模型的方法来实现的，其预测结果的准确程度也很有限。然而，随着系统理论与科学技术的不断发展，人们对于随机运动有了新的认识，各种新的分析手段与分析方法也随之诞生，逐渐形成了现代时间序列分析理论，因此，时间序列预测也已经成为一个具有相当重要实际价值的应用研究领域。

1.2.2 关于混沌时间序列预测

科学研究的最终目的是弄清楚事物之间的因果关系，其中包括事物发展的规律，以及事物的过去、现在和将来。然而在自然界中也存在一些不可精确预言的现象，如大气运动不可能同行星运动一样遵从物理学定理，但目前人们只能按照一定的概率做天气预报。天气的变化、山溪的奔流及股市的涨落等均有其不可预测的一面。由于不存在确定的因果关系，我们就称这类现象中存在着随机性的因素。

20 世纪 90 年代以来，混沌科学与其他科学相互渗透。无论是在数学、物理学、生命科学、地球科学、信息科学，还是在经济学、管理学、天文学等领域，混沌科学均得到了广泛应用。随着非线性科学的发展，混沌理论表明即使系统初始状态条件细微差异，系统演化也可能导致显著差异，这便是混沌系统的“蝴蝶效应”，因而对混沌系统的长期演化结果不可以预测。但由于混沌是由确定系统的内在特性引起的，短期行为又是完全确定的，即可预测，这就是混沌时间序列预测的物理基础。混沌一方面指出了原本被认为不可预测的复杂事物具有可预测性；另一方面也指出了原本被认为可预测的简单事物的预测具有局限性。混沌理论开辟了预测研究新的领域，为原来被认为不可预测的复杂系统的预测提供了新的理论与方法途径。

混沌现象的发现开创了科学模型化的一个新典范：一方面，混沌现象所固有的确定性表明许多随机现象实际上是可以预测的；另一方面，混沌现象所固有的对初值的敏感依赖性又意味着预测能力受到新的根本性限制。因此，混沌现象是短期可以预测，而长期不能预测的。

混沌是确定性系统中由于随机性而产生的一种外在的、复杂的、貌似无规则的运动。混沌系统对初值敏感的特性使混沌系统输入的变化能迅速地反映在输出中，所以混沌理论提供了一种更符合现实世界的非线性建模方法。目前，已经通过多种方式证实了很多系统存在混沌特性。基于混沌理论的时间序列预测较好地刻画了时间序列物理属性及影响因素，是一种预测精度高、简单、易行的时间序列预测方法。

从时间序列研究混沌，始于 Packard 等于1980 年提出的重构相空间理论。我们知道，对于决定系统长期演化的任一变量的时间演化，均包含了系统所有变量长期演化的信息。因此，可通过决定系统长期演化的任一单变量时间序列来研究系统的混沌行为。而吸引子的不变量——关联维（系统复杂度的估计）、Kolmogorov 熵（动力系统的混沌水平）、Lyapunov 指数（系统的特征指数）等在表征系统的混沌性质方面一直起着重要的作用。

混沌时间序列的预测方法包括：全域法、局域法、加权零阶局域法、加权一阶局域法、基于最大 Lyapunov 指数的预测方法和基于神经网络的预测方法等。Lyapunov 指数是用来量化初始闭轨道的指数发散和估计系统的混沌量，它从整体上反映了动力系统的混沌量水平，因此，基于混沌时间序列的最大 Lyapunov 指数计算和预测很重要。混沌时间序列的预测具有非常广阔的应用前景，如交通流预测、电力系统短期负荷预测、股市行情预测、转子剩余寿命的预测、天气预报等。20 多年来，混沌科学虽然在基础理论方面取得了很大的进展，但还没有取得根本性的突破，还有许多问题没有解决。所以，在混沌研究及应用中主要仍是用数值方法。在混沌的应用上，根据混沌系统提取的非线性时间序列对系统的未来进行预测，是一个十分重要的方面。

1.3 混沌时间序列预测研究概况

1.3.1 早期发展

混沌理论建立之初，科学家就开始思考将混沌与预测联系在一起。1963 年美国麻省理工学院气象学家 Edwadr N. Lorenz 在研究天气预报过程中，发现确定性系统中有时会表现出随机行为，并在《确定性非周期流》一文中提出著名的“蝴蝶效应”，描述了混沌的基本特征“初值敏感性”。1976 年美国普林斯顿大学生物学家 Robert R. May 在研究虫口预测模型时，发表了 *Simple mathematical models with very complicated dynamics* 一文，揭示了复杂与确定、确定与随机之间的辩证关系。1980 年美国物理学家 N. H. Packard 等[5]提出了用原始系统中某变量的延迟坐标来重构相空间的预测模型。1981 年荷兰数学家 Floris Takens[6]用数学模型证明了只要合理选取嵌入维数和延迟时间，就可以重构相空间与原动力学系统微分同胚，为相空间重构技术奠定了坚实的基础。从此，混沌预测理论取得了飞速发展。目前，混沌时间序列预测方法已被应用在气象、水文、电力、工程、火灾预警、生产预测、经济分析等领域[7-17]，表现出很强的生命力。对混沌时间序列预测理论与方法的研究，不仅可以为工程事故和气象灾害的预报提供有效的决策，还可以为其他领域的预测提供科学的指导，具有重大的理论价值和现实意义[18]。

混沌时间序列的相空间重构一般是建立在单变量时间序列上。由 Takens 嵌入理论可知，如果嵌入维数和延迟时间选择合适，单变量时间序列足够长且能体现混沌系统长期的演化规律，单变量混沌时间序列就能较好地重构相空间，并取得较理想的预测效果。但是，实际却不尽然：①获取的混沌时间序列一般长度有限，包含的信息不完备、不确定，系统的复杂性体现不充分；②获取的时间序列一般都含有一定的噪声，这会影响重构后的状态空间，复杂混沌系统的演化规律不能得到精确反映；③复杂混沌系统内部包含的多个变量之间相互作用、相互制约。针对以上问题，人们考虑将相空间重构扩展到多变量时间序列上[19]。

相对于单变量混沌时间序列，多变量混沌时间序列预测具有一定的优势，在不同领域中的应用也越来越广泛。但是它也存在一些问题：①混沌性质识别。相对于单变量时间序列，多变量时间序列的混沌性质识别方法较少，这给多变量时间序列的混沌特性判定带来了困难。②相空间重构。主要采用 Cao 等提出的多变量时间序列的嵌入维数选择法，该法分别求取多变量时间序列的延迟时间和嵌入维数，忽视了延迟时间和嵌入维数的相关性，而且对多变量时间序列的各变量分别求取各自的延迟时间，得到的嵌入维数和延迟时间可能存在较大的偏差。③噪声。虽然很多学者认为多变量混沌时间序列比单变量混沌时间序列包含更多的动态信息，受噪声的影响相对较小，但是目前的研究较少分析噪声对多变量混沌时间序列的影响和噪声的消除问题，这些噪声的存在会影响多变量时间序列的混沌性质识别和预测。④预测。虽然多变量混沌时间序列预测具有一定优势，但多变量混沌时间序列必然导致模型维数增大，如果预测模型选取得不适合，会产生过拟合现象，使预测模型的泛化能力变差。

1.3.2 主要应用领域

混沌理论的发展为时间序列预测开辟了新的途径。近年来，基于混沌理论的非线性时间序列分析方法已广泛应用于电力负荷预测、电价预测、金融时间序列预测、径流预测、交通流量时间序列预测、蒸汽负荷预测以及铁路客（货）运量预测等领域，并取得了较好的预测效果。

（1）经济预测

经济数据序列由于受诸多因素的影响，而这些因素多是人为主观或是不可控的不确定性因素，所以随机性很强，但经济的发展总是有其客观规律，所以系统的整体确定性又是可以把握的。因此经济学系统复杂性很大，难以建立准确的系统模型，非常适合使用混沌理论进行预测。1981 年，R. Day 和 Benhbib 在研究消费者行为时发现其具有一定的混沌性。之后，在企业生产增长率、经济增长、股票证券期货、外汇交易、货币等研究中均可发现混沌学做出的贡献，并于 20 世纪 80 年代诞生了一门新的科学：混沌经济学。经济学理论开始受到混沌理论的冲击。人们发现在经济系统中，将传统的线性模型用非线性模型替代时，经济系统将会出现更加复杂的现象。

利用混沌理论来建立预测方法最早出现在物理学领域，后来经济领域也出现了，主要是根据二次多项函数能产生混沌的特性，将一组混沌数据看成是一假定的二次多项式函数，再用回归方法来求解参数，得到模型实现预测。混沌时间序列预测方法的基本原理是 Grassberger 和 Procaccia 提出的相空间重构理论，即给定一组反映经济系统特性的混沌时间序列，利用相空间重构理论，将其映射到一有限维状态空间中，就能得到一混沌吸引子，通过找到预测状态点的邻界状态与其后续状态点之间的函数关系，作为预测函数，就能实施短期预测。混沌理论在股票预测方面也有应用，股市的数据从表面上看是杂乱无章的，人们为了了解股票的信息，采用了各种分析方法来研究股市中的时间序列，目前已有许多国内外文献发现混沌现象普遍存在于金融市场，这将有利于金融市场的整改。金融时间序列预测由于受到政治事件、经济环境和交易者预期等因素的影响，呈现复杂非线性、不稳定的特性，很难用精确的数学模型把这种规律性表达出来。目前，主要集中在对股票、汇率、期货等价格走势及方向变化的预测上。

（2）电力负荷预测

电力负荷预测尤其是短期电力负荷预测对智能电网的建设意义重大，是电力系统研究的一个重要组成部分，其预测精度直接影响电力系统的经济效益。由于短期负荷曲线明显的周期性、同一类型短期负荷模式的类似性和受气候影响的变化性，准确预测具有一定难度。短期电力负荷往往表现为多变量动态演化行为和多层次结构等，因此很难用某种函数关系来表示其非线性预测模型，但其负荷序列具有一定的规律性，如某时期的发展变化与以前某时期的发展有着相似或相同的规律。

电力负荷的影响因素众多而复杂，影响机理难以用单一的函数关系表达，但又蕴含着内在的规律性，是典型的非线性时间序列，非常适合用混沌理论进行研究。国内外已经有很多学者将混沌理论用于电力负荷的预测。1994 年 Mori 和 Urano 首次将混沌理论应用于负荷序列的预测，由此引发了一股用混沌理论研究电力负荷的小热潮。混沌预测正是利用混沌吸引子在不同层次间的自相似性进行混沌系统的短期预测，它不需要了解各影响因素与负荷之间的相互关系，也无需对负荷序列建立工作日和节假日预测模型，仅通过相空间重构来近似恢复原来的多维非线性混沌系统。近年来，随着非线性系统研究的发展，基于混沌理论的非线性时间序列预测模型在电力负荷预测中的应用引起了人们的广泛兴趣，越来越多的基于混沌理论的预测方法应用于电力系统短期负荷预测，而且取得了较好的预测效果。但实现对各种不同的电力负荷进行精确预测，仍有许多工作要做。

（3）交通流预测

交通控制与诱导系统是智能交通系统的核心子系统，而实现该系统的关键技术之一是实时准确地预测短时交通流。交通系统的信息化和智能化建设是加快城市现代化进程的重要举措，也是满足城市居民日益增加的出行需求的基本途径。交通流量时间序列信号由于受各种复杂因素的制约和影响，使交通流量时间序列表现出高度的非线性、复杂性和不确定性的基本特征。交通流具有不确定性的特点，短时交通流时间序列也存在混沌特性，如何建立准确的短时交通流预测模型是当前的研究热点。

短时交通流预测作为交通信息预测的重要部分，其预测的高效性和准确性对提升智能交通系统的交通诱导能力有重要作用。应用混沌理论直接从交通流时间序列中挖掘其客观规律进行预测，而不需要建立主观模型，据此既可以提高预测精度和可信度，同时也避免了人为主观性对预测的影响。混沌理论对交通现象的研究方式和方法产生了很大的影响。根据短时交通流的混沌相关性进行相空间重构，充分刻画交通流量的混沌特性，建立基于多变量的交通流混沌预测模型，可提高高速公路交通流预测精度，进而提升对高速公路的诱导调控能力。对短时交通流混沌特性进行分析，建立短时交通流混沌预测模型不仅能把握短时交通流的变化趋势，而且能为城市道路规划和管理系统提供理论基础和技术支持，更是进行交通状态评价、综合分析项目建设的必要性和可行性的基础和前提。利用混沌理论对交通流时间序列进行分析，对于人们掌握交通流的变化规律以及对短时交通流进行准确预测有重要的指导意义。

（4）水文地质预测

水文系统是一个开放的、复杂的巨系统，同时又是一个动态的非线性复合系统。一方面，它是地球大气圈环境内相互作用和依赖的若干水文要素组成的具有水文循环与演化功能的整体；另一方面，它又受地球及宇宙自然力的作用以及来自人类的不同程度的生产活动的影响，从而形成了水文系统复杂的演化规律。然而，由于哲学观和科学技术方法论的限制，长期以来，人们一直用传统的确定性方法或随机性方法，或将两者结合的方法来描述水文过程，得以揭示的是水文系统的确定性规律。根据水文要素变化的非线性特点，混沌理论和水文科学的结合则产生了一个新的研究领域，混沌理论的引入可以丰富水文学的研究内容，推动水文科学的发展，20 世纪 80 年代后期开始应用于水文学领域。1987 年，A. Hense 根据降雨时间序列的关联维数值推断序列存在奇异吸引子，首次将混沌理论引入到水文学研究中；1996 年，Sangoyomi 等用混沌方法预测大盐湖水量，显示出相对于传统预测方法的优越性，并引发了水文学混沌预测的研究热潮。在国内，丁晶等率先通过混沌手段研究洪水特性，并在之后归纳了一系列水文序列混沌研究方法，国内其他学者也有做相关的研究。混沌理论开启了探索水文现象变化的新途径，通过应用混沌理论中的相空间重构技术，把水文时间序列嵌入到重构的相空间中，便可以在相空间中揭示出水文动力系统的复杂运动特征，这样就可能从复杂的水文系统运动中发现其内在的、有序的、确定性规律。从混沌动力学的角度去认识水文系统的演变规律具有重要的现实意义和科学价值。

1.3.3 国内外混沌时间序列预测研究概述

相空间重构是研究混沌时间序列的重要一步，对相空间重构的研究始于 Packard 等，他们给出了两种方法：一种是导数重构法，一种是坐标延迟重构法。Grassberger 和 Procaccia 等就如何计算关联积分进行了研究，由一维时间序列开始，运用时间延迟法，重构出了 Lorenz 方程、Logistic 方程、Henon 映射、Kaplan-York 映射等多种典型的混沌系统。G-P 算法研究的提出则使得对任何实测混沌时间序列的研究成为可能，同时为混沌时间序列的研究开辟了一条新的道路[20]。

在实际的研究中，对于判定时间序列的先验信息，一般是不知道的，并且就数值计算来讲，误差的很小变化也能引起数值微分的较大变化。因此，用坐标延迟相空间重构法来研究混沌时间序列面临着较多问题。该方法有两个关键点，即如何确定延迟时间和嵌入维数，同时这两个指标对于混沌时间序列的预测是重要参数[21,22]。Takens 定理中假定一维时间序列是无限长、无噪声的。在这种理想状态下，延迟时间和嵌入维数的取值可以是任意的，但在实际研究中，时间序列并不符合这种理想状态，因此，延迟时间和嵌入维数的取值不能是随意的，而是应该认真加以确定，否则将降低重构相空间的质量。如果延迟时间的取值太小，会导致相空间中的相点矢量接近到无法区分的程度，也就不能提供两个相互独立的坐标分量；反之，如果取值太大，那么两个坐标分量相互之间又完全独立，会导致混沌吸引子的轨迹投影根本不相关。因此，选择一个合适的确定延迟时间的方法十分重要。目前，应用较为广泛的有自相关函数法、互信息法等，除此之外还有重构展开法[23]、高阶关联法[24]、填充因子法[25]等。

关联维数的计算对于确定嵌入维数来讲十分重要，在之后的研究中有学者对算法进行了两个方面的改进：一是有多少点数参与计算，二是如何选定欧氏距离[26]。普遍应用的有饱和关联维数法、奇异值分解及虚假邻近点法[27]。

还有一种观点认为，嵌入维数与延迟时间应作为整体来重构相空间，它们是不能独立确定的，从本质上来讲，两者并没有区别，关键是用具体方法确定嵌入维数和时间延迟时，实测数据对参数的敏感程度不同，这也解释了很多方法都可以对具体的实际数据有较好的效果[28]。在实际研究中，关键的一点是针对具体数据选定适当的算法和参数。

相空间技术的关键点是如何确定延迟时间与嵌入维数，目前来讲，还没有一种算法能适用于所有的混沌时间序列。本书所介绍的一些方法也都存在着不同程度的缺陷，这主要是因为缺少关于相空间的先验信息，因此没有一个准确的目标来衡量相空间重构的效果。随着神经网络技术[29]和小波分析[30]的发展，未来相空间重构技术的精度与置信水平将会不断得到提高。混沌预测主要有以下几种方法：全局预测[31]、局域预测[32]和自适应预测[33]。全局预测是指将全部过去的信息加以利用来预测未来，用全部的现有数据对动力方程进行拟合。例如，基于神经网络的全局预测模型，它是通过全部的输入输出来对神经网络进行训练。但当加入新的数据时预测模型需对参数重新估计，因此计算量较大，且全局动力方程拟合难度较大。而局域预测是指利用部分过去的信息来预测未来，相对来讲较容易拟合，且计算量较小。自适应预测是指在预测过程中，及时根据当前的预测误差来调整预测模型中的相关参数，使之在下一次预测中的误差为最小，其对算法的跟踪辨识及实施递推能力要求都比较高[34,35]。

近年来，在非线性预测的基础上，一些学者基于神经网络构建了多种其他的混沌神经网络模式。Aihara 等[36]提出了混沌神经网络模型；郭会军等[37]提出了一种自适应预测模型，该模型是在正交小波神经网络的基础上建立的，其采用正交化逐步选择法对初始网络进行结构优化，最终建立了极为精简的网络模型；马千里等[38]提出建立一种动态递归神经网络模型，对混沌时间序列进行预测，将混沌相空间中相点演化的非线性关系用模型映射出来，从而有效地提高了预测精度；另外，还有 Suykens 和 Vandewalle[39]提出的递归神经网络模型，Parlos 等[40]提出的时延神经网络模型。这些模型在混沌时间预测中均在不同的领域取得了较好的成绩。

1.3.4 未来进展趋势和研究方向

任何一个知识体系都是永远向前发展的，大自然的奥妙永远等待人们去探索。虽然时间序列的研究在理论及应用中都取得了极其丰硕的成果，但还是有待于完善其理论及开辟新的应用领域。对于实际数据来说，没有最好的方法，只有最适合的方法，新时间序列模型的建立仍然是今后学者要继续研究的问题。现在的数据都是海量数据，没有统计软件的保证无论对新应用领域的开发还是对新模型的建立都是极大的阻碍，因此合适的统计软件的利用甚至是开发也是必不可少的。

混沌时间序列预测方法是时间序列趋势预测的研究热点，未来的混沌时间序列预测研究则更多地集中在传统算法和软计算的组合预测领域。面对海量的数据，为了有效地利用历史数据挖掘出有价值的信息，对未来变化做出及时正确的预测，将时间序列预测技术应用其中是十分必要的，拥有先进的预测技术必将更好地控制风险、预测未来。

随着预测理论与方法的不断发展，用于混沌时间序列预测的方法越来越多，但是目前还没有一种方法适合任何问题，各种方法都有其优缺点，使预测者很难做出最佳选择。因此，有研究者提出将两个或两个以上不同的预测方法对同一个预测对象进行预测，然后对各个单独的预测结果进行适当组合并作为最后预测结果的预测方法，即组合预测方法。这种方法集结了所有单个预测方法的有用信息，可以提高预测精度，降低预测风险。

混沌神经网络融合了混沌动力学与神经网络的特点，表现出一些新的特性，从而为其应用提供了更大的空间。由于人脑的复杂性，人脑中计算和混沌行为的生理机理还未被理解，建立在这个基础之上的混沌神经网络模型的研究工作刚刚起步，理论体系还不成熟。现有的混沌神经网络类型比较多，有必要建立统一的模型和理论体系。混沌系统对混沌神经网络性能的影响比较明显，在现有神经网络预测法的基础上，研究更加简便、有效的混沌预测方法，有利于改善混沌神经网络的性能，促进相关理论和应用的发展。尽管混沌神经网络在多方面的应用均取得了比常规神经网络更优的效果，但仍受到神经网络一些固有缺陷的限制，需要将问题的解映射成合适的网络描述。另外，还需考虑网络结构和参数的影响，其使得混沌神经网络问题比较复杂，可进一步研究和构造更加合理的混沌神经网络结构，以易于其算法计算和硬件实现。在混沌神经网络应用的多个方面，注重将混沌神经网络与现有的其他智能技术相结合，如分形、小波、进化计算、粗糙集等，以便形成智能神经网络。

1.4 本书的主要内容

本书围绕混沌时间序列预测及应用展开讨论和研究，主要内容包括 8 章，具体内容安排如下。

第 1 章是绪论。首先叙述了预测的基本概念、预测的基本原则，然后分析了定性预测和定量预测的特点，指出了两种预测方法的信息互补性，介绍了混沌时间序列预测方法产生的背景，最后介绍了混沌时间序列预测的研究概况、主要应用领域，指出了进一步研究的必要性以及未来混沌时间序列预测方法发展的研究趋势。

第 2 章是混沌理论基础。本章主要介绍了混沌理论及其研究现状、混沌的定义和混沌运动的特征、处理时间序列的理论方法以及混沌时间序列判别的主要方法，并对这些混沌时间序列判别方法做了较为详尽的比较分析。

第 3 章是常用混沌时间序列预测方法。首先介绍了混沌时间序列预测的理论基础，给出了相空间重构的方法，分别介绍了局域预测方法中的加权一阶局域预测法和最大 Lyapunov 指数预测法、全局预测方法中的全局多项式预测法和神经网络等智能预测方法以及自适应预测方法，最后给出了以上几种混沌时间序列预测方法的模型检验和应用实证分析，并给出了相应的算法程序。

第 4 章是混沌时间序列的神经网络预测方法。主要介绍了两种常用混沌时间序列智能预测方法：BP 神经网络预测方法和 RBF 神经网络预测方法。首先介绍了神经网络发展状况，叙述了 BP 神经网络预测方法和 RBF 神经网络预测方法的基本原理、学习算法和预测模型，最后给出了两种预测方法的模型检验和应用实证分析，并对 RBF 神经网络预测方法和 BP 神经网络预测方法进行了比较，得出了 RBF 神经网络预测方法不需要参数阈值优化的基本结论。

第 5 章是遗传算法优化 BP 神经网络的混沌时间序列预测方法。BP 神经网络预测方法是比较成功的预测方法。BP神经网络通过具有简单处理能力的神经元的复合作用使网络具有复杂的非线性映射能力，但该方法有两个明显的缺点：一是容易于陷入局部极小值，二是收敛速度慢。避免上述问题的一种方法是利用遗传算法来弥补BP神经网络连接权值和阈值选择上的随机性缺陷，提出了一种改进的遗传算法优化BP神经网络的混沌时间序列预测方法，降低了BP神经网络预测模型陷入局部极小的风险并能够使BP神经网络取得很高的收敛精度。本章给出了遗传算法优化BP神经网络的混沌时间序列预测方法的基本思路、预测算法步骤，并对方法进行了检验和验证，将该方法应用到3种典型混沌时间序列、上证综合指数时间序列的实证分析并对城市交通流量进行预测，验证了该算法的有效性。

第6章是粒子群算法优化BP神经网络的混沌时间序列预测方法。本章为提高BP神经网络预测方法的预测准确性，提出了一种基于改进粒子群算法优化BP神经网络的混沌时间序列预测方法。引入自适应变异算子对陷入局部最优的粒子进行变异，改进了粒子群算法的寻优性能，利用改进粒子群算法优化BP神经网络的权值和阈值，然后训练BP神经网络预测模型求得最优解。将该方法应用到3种典型混沌时间序列、上证综指时间序列的实证分析并对城市交通流量进行预测，证明了该方法对以上混沌时间序列具有更好的非线性拟合能力和更高的预测准确性。

第7章是混沌时间序列的SVM预测方法。支持向量机（SVM）是一种机器学习算法，最早被应用于分类研究，近些年才被引入到了预测领域。支持向量机由于其优良的非线性特性，非常适用于混沌时间序列数据的分析与处理，在诸如水文、气象、交通等很多领域得到了广泛的应用。虽然一些学者对支持向量机算法赞赏有加，但究竟其预测效果如何，并没有一个统一的说法。基于此，为进一步发展完善混沌预测理论，选用近几年提出的支持向量机算法对混沌时间序列预测进行研究。本章构建了混沌时间序列的支持向量机预测模型，应用该模型对3种典型混沌时间序列进行了实证分析，并与经典的BP神经网络预测模型和RBF神经网络预测方法进行了对比研究。实例分析表明，虽然SVM算法预测具有较高的精度，但对于不同的混沌时间序列，SVM算法的预测精度不同，对于有些混沌时间序列，SVM算法的预测精度不一定比BP和RBF预测算法的预测精度高，说明SVM预测算法并不适合所有的混沌系统预测。

第8章是基于信息粒化的SVM混沌时间序列预测方法。支持向量机的优势在于处理小样本数据，而大多数的混沌时间序列都具有庞大的数据样本。信息粒化技术具有将大数据样本转化成较小数据样本，且能使该小数据样本保持原样本数据特性的能力，因此针对支持向量机在大样本数据预测的局限性，本章将信息粒化技术引入支持向量机的混沌时间序列预测中，提出了一种基于信息粒化的支持向量机预测方法。该方法将混沌时间序列重构及粒化，然后训练支持向量机模型进行预测。将该预测方法应用到 3 个典型的非线性系统的混沌时间序列和实测交通流量时间序列进行有效性验证，验证了该方法对典型混沌时间序列和实测交通流时间序列具有更好的非线性拟合能力。

第 2 章　混沌理论基础

2.1　混沌理论及其研究现状

客观事物的运动除了周期、准周期和定常以外，还存在一种更具普遍意义的运动形式即混沌[41]。一般认为，混沌指确定系统中出现的一种貌似无规则的、类似随机的现象。对于确定性的非线性系统出现的具有内在随机性的解，就称为混沌解。自 1975 年混沌作为一个概念首次出现在文献中以来，混沌科学取得了迅猛发展。混沌行为广泛存在于自然现象和社会现象中，对混沌理论和方法的研究将会大大加深对这些自然现象和社会现象的认识[42]。

2.1.1　混沌理论发展历程

混沌现象在自然界中是普遍存在的。自然界存在的大量运动都可以认为是混沌运动，规则运动只是相对地在局部的范围内和较短的时间内存在。对于物理系统，从能量观点可以分为保守系统和耗散系统。保守系统又可以分为可积的与不可积的。不可积的系统意味着混沌运动，描述客观世界的各种科学问题的数学方程大多数是不可积的，不可积的普遍性说明了混沌的普遍性。同时，客观世界的不断发展变化，有着各种各样的耗散结构，最简单的耗散结构是由极限环描述的周期运动。两个或两个以上周期运动的耦合会产生混沌运动。因此，当非线性较强时，一般都会出现混沌运动。混沌现象只出现在非线性动力系统中，既普遍存在又复杂。

混沌研究的鼻祖是法国的庞加莱[43]（H. Poincare，1854 ~ 1912 年），他在研究数学上证明太阳系的稳定性问题时发现保守系统中的混沌现象。1954 年，前苏联数学家 Kolmogorov，在探索概率起源的过程中发表了《哈密顿函数中微小变化时条件周期运动的保持》一文。1963 年，柯尔莫哥洛夫的学生 V. I. Arnold 对此做出了严格的证明，瑞士数学家 J. Moser 进行了改进。该思想为混沌未发现之初，在保守系统中如何出现混沌提供了信息。

真正意义上的混沌研究开始于 1963 年美国气象学家 Lorenz 关于大气运动方

程的数值研究[44-50]。1963 年，Lorenz 在著名的论文《确定性非周期流》中指出：在三阶非线性自治系统中可能出现混乱解。Lorenz 方程为

$$\begin{cases} \dot{x} = -\sigma(x - y) \\ \dot{y} = -xz + rx - y \\ \dot{z} = x - bz \end{cases} \tag{2-1}$$

该方程是一个完全确定的三阶常微分方程，当其参数一定时，其解为非周期解，看起来很混乱。这是在耗散系统中，一个确定的方程却能导出混沌解的第一个实例。前者讨论的是保守系统，而 Lorenz 方程讨论的是耗散系统，它们从不同的角度说明，两种不同类型的动力系统，在长期的演化过程中是怎样出现混沌的。Lorenz 在发现混沌的同时，还发现混沌对初始条件极端敏感。

1964 年，法国天文学家伊侬（Henon）从研究球状星团以及 Lorenz 吸引子中得到启发，给出了 Henon 映射，即

$$\begin{cases} x_{n+1} = 1 + by_n - ax_n^2 \\ y_{n+1} = x_n \end{cases} \tag{2-2}$$

伊侬发现其系统运动轨道在相空间中分布越来越随机，并得到了一个最简单的吸引子。

1971 年，法国数学物理学家 D. Ruelle 和荷兰学者 F. Takens 联名发表了著名论文《论湍流的本质》。他们通过严格的数学分析，独立地发现了动力系统存在一套特别复杂的新型吸引子，证明与这种吸引子有关的运动即为混沌，发现了第一条通向混沌的道路，并命名这类新型吸引子为奇怪吸引子（strange attractor，也称奇异吸引子）。

1975 年，美籍华人学者李天岩和美国数学家约克（J. A. Yorke）在《周期 3 蕴涵混沌》的论文中，深刻揭示了从有序到混沌的演化过程，并首先提出了“chaos”（混沌）这个词，并为后来的学者所接受。

1976 年，美国数学生态学家 Robert R. May 在美国《自然》杂志上发表了《具有非常复杂动力学的简单数学模型》的综述文章，向人们表明了混沌理论的惊人信息：简单的确定性数学模型竟然也可以产生看似随机的行为。

1978 ~ 1979 年，美国物理学家 Feigenbaum 在《统计物理学杂志》上发表了关于普适性的文章《一类非线性变换的定量的普适性》，轰动世界。Feigenbaum 发现了倍周期分岔过程中分岔间距的几何收敛率，建立了一维映射混沌现象的普适理论，给出了一条走向混沌的具体道路，把混沌理论研究从定向分析推进到定量计算阶段。

20 世纪 80 年代以来，人们着重研究系统如何从有序进入新的混沌，以及混

沌的性质和特点，并借助单、多标量分形理论和符号动力学进一步对混沌结果进行研究[51-55]。20世纪80年代初，Takens[6]、Packard等[5]根据Whitney拓扑嵌入定理提出重构动力学轨迹相空间的延迟坐标法，从而为时间序列分析提供了一条新的思路。

Grassberger和Procaccia[56]首次运用这种相空间重构方法，从实验数据时间序列计算出实验系统的奇异吸引子的统计特性，如饱和关联维数（分数维）、Lyapunov指数和Kolmogorov熵等混沌特征量，从而使混沌理论进入到实际应用阶段。

近几年来，陈关荣在研究混沌反控制的过程中发现了一个新的混沌吸引子[57]，它由三维系统产生：

$$\begin{cases}\dot{x} = a(y - x)\\ \dot{y} = (c - a)x - xz - cy\\ \dot{z} = xy - bz\end{cases} \tag{2-3}$$

其中，参数 $a=35$、$b=3$、$c=28$。

陈关荣证明了该系统与Lorenz系统和Rossler系统均不拓扑等价，在拓扑结构上更加复杂，因此它在保密通信等方面有很好的应用前景。

当今科学认为，混沌无处不在，许多科学工作者几乎都在各自的学科领域中找到了混沌现象。例如，光学、声学、水文、化学反应、地震中的混沌变化[58-62]，天气预报的“蝴蝶效应”，商业周期中蕴含的有序性，股市中的混沌性[63]、电力系统中的混沌现象[64,65]、交通系统中的混沌现象[66-77]等。一个动力学系统呈现混沌现象，既不是因为系统中存在随机力或受环境外界噪声源的影响，也不是由于无穷多自由度的相互作用，更不是与量子力学的不确定性有关。决定论规律的非线性是混沌运动存在的必要条件。而非线性系统的内在对称性又赋予混沌行为以某种结构和秩序。混沌行为最为本质的特点是非线性系统对于初始条件的极端敏感性。由于混沌运动中奇异吸引子的折叠拉伸现象，使得混沌运动在短期内是可以预测的。

2.1.2 混沌的数学定义

目前混沌的数学定义有几种，在此介绍两种影响较大的定义。

（1）Li-Yorke的混沌定义[48]

混沌定义：闭区间 J 上的连续自映射 $f(x)$，如果满足下列条件：

1）f 的周期点的周期无上界。f 具有任意正整数周期的周期点，即对任意自

然数 n，有 $x \in J$，J 是实数域 R 上的区间，使 $f^n(x)=x$（非不动点的 n 周期点）。

2）闭区间 J 上存在不可数子集 S（包括非周期点），满足：

对 $\forall x, y \in S$，当 $x \neq y$ 时，有 $\limsup\limits_{n\to\infty}|f^n(x)-f^n(y)|>0$，

对 $\forall x, y \in S$，有 $\liminf\limits_{n\to\infty}|f^n(x)-f^n(y)|=0$，

对所有周期点，即 $\forall x \in S$，以及 f 的任一周期点 y，有

$$\limsup_{n\to\infty}|f^n(x)-f^n(y)|>0 \tag{2-4}$$

则称 f 在不规则集合 S 上是混沌的。

这个定义表明了混沌运动的重要特征：①存在可数无穷多个稳定的周期轨道；②存在不可数无穷多个稳定的非周期轨道；③至少存在一个不稳定的非周期轨道。

（2） Devaney 的混沌定义[78]

Devaney 的混沌定义：设 V 是一个紧度量空间的集合，连续映射 f: $V\to V$ 如果满足下列三个条件：

1）f 对初值的敏感依赖性。存在 $\delta>0$，对于任意的 $\varepsilon>0$ 和任意 $x\in V$，在 x 的 ε 邻域内存在 y 和自然数 n，使得 $d(f^n(x),f^n(y))>\delta$。

2）f 的拓扑传递性。对于 V 上的任意一对开集 X，Y，存在 $k>0$，使 $f^k(X)\cap Y\neq\varnothing$（如一映射具有稠轨道，则它显然是拓扑传递的）。

3）f 的周期点集在 V 中稠密。则称 f 是在 Devaney 意义下 V 上的混沌映射或混沌运动。

2.1.3 混沌运动的特征

混沌运动是一种不稳定有限定常运动，即为全局压缩和局部不稳定的运动。这个定义指出了混沌运动的两个主要特征：不稳定性和有限性。混沌运动是确定性非线性动力系统所特有的复杂运动形态。混沌运动具有通常确定性运动所没有的几何和统计特征，如局部不稳定而整体稳定、无限自相似、连续的功率谱、奇异吸引子、分维、正的 Lyapunov 指数、正的测度熵等。一般认为混沌运动应具有以下几个方面的主要特征[50,79-86]，它们之间有着密不可分的内在联系。

（1） 内部似随机性

一定条件下，如果系统的某个状态可能出现，也可能不出现，则该系统被认为具有随机性。一般来说当系统受到外界干扰时才产生这种随机性，一个完全确

定的系统（能用确定的微分方程表示），在不受外界干扰的情况下，其运动状态也应当是确定的，即是可以预测的。不受外界干扰的混沌系统虽能用确定的微分方程表示，但其运动状态却具有某些“随机”性，那么产生这些随机性的根源只能在系统本身，即混沌系统内部自发地产生这种随机性。混沌的内随机性实际就是它的不可预测性，对初值的敏感性造就了它的这一性质，同时也说明是局部不稳定的。

(2) 整体稳定局部不稳定

混沌态与有序态的不同之处在于，它不仅具有整体稳定性，还具有局部不稳定性。整体稳定性是指系统受到微小的扰动后系统保持原来状态的属性和能力，局部不稳定是指系统运动的某些方面（如某些维度、熵）的行为强烈地依赖于初始条件。一个系统要演化，要达到一个新的演化状态，不能把稳定性绝对化，而应在整体稳定的前提下允许局部不稳定，这种局部不稳定或失稳正是演化的基础。在混沌运动中这一点表现得十分明显。

(3) 对初始条件的敏感依赖性

在没有任何干扰、无限观察精度等理想条件下，混沌行为也是可以精确确定的。但是在实际中，干扰和有限精度是必然的。因此，由于混沌行为演化的部分或局部的重复性，就会使微小的初值差异，经过不长的时间后，形成差异巨大的不同演化轨迹。这就是混沌对初值的敏感依赖性，它直接导致了混沌行为的长期不可预测性。

(4) 短期可预测，而长期不可预测性

由于混沌系统所具有的轨道的不稳定性和对初始条件的敏感性的特征，初始条件仅限于某个有限精度，而初始条件的微小差异可能对以后的时间演化产生巨大的影响，因此不可能长期预测将来某一时刻之外的动力学特性。

(5) 奇异吸引子

奇异吸引子是混沌现象在相空间的一个基本标志，可以引入定常态分布函数进行统计描述。各种运动模式在演化过程中衰亡，最后只剩下少数自由度决定系统的长期行为，即耗散结构的运动最终趋向维数比原始相空间维数低的极限集合——吸引子。长期以来，动力学系统研究的是耗散系统的规则性态，即简单吸引子（平庸吸引子，如不动点、极限环、环面等）上出现的定常性态。混沌吸引子（也称奇怪吸引子、奇异吸引子）完全不同于简单吸引子，它的出现与运动轨道的不稳定性密切相关。出于对初始条件的敏感性，运动沿着某些方向指数分离，因而无穷次的伸长和折叠好像体积为零而面积无穷大的几何结构，于是形成混沌吸引子。

(6) 轨道不稳定性及分岔

长时间动力运动的类型在某个参数或某组参数发生变化时也发生变化。这个参数值（或这组参数值）称为分岔点，在分岔点处参数的微小变化会产生不同定性性质的动力学特性，所以系统在分岔点处是结构不稳定的。

(7) 普适性

普适性是指不同系统在趋向混沌态时所表现出来的某些共同特征，它不依赖具体的系统方程或参数而变。具体体现为几个混沌普适常数，如著名的 Feigenbaum 常数等。普适性是混沌内在规律性的一种体现。

2.2 处理混沌时间序列的理论方法简介

在许多自然科学和工程技术等领域，人们往往容易获得的是研究对象的时间序列，传统的做法是直接从这个序列去形式地分析它的时间演变。但由于时间序列是许多物理因子相互作用的综合反映，它蕴藏着参与运动的全部变量的痕迹，因而我们必须把该时间序列扩展到三维甚至更高维的相空间，才能把时间序列中的信息充分地显露出来，即时间序列的相空间重构。

混沌理论各种计算的基本依据都是必须基于非线性学科中的各相关理论进行的，如 Lyapunov 指数的计算与相空间重构理论是分不开的，同时混沌预测模型构造的依据也必须依赖于相空间重构理论。因此，各种对混沌判定的方法都是在结合了各种理论的基础上进行的。

2.2.1 相空间重构理论

相空间重构理论（phase space reconstruction theory，PSRT）在混沌时间序列分析中有着重要意义，这一方法是由 Packard 和 Takens 提出的[5,6]。其主要目的是通过用单一的系统输出时间序列来构造一组表征原系统动力学特性的坐标分量，从而近似恢复系统的混沌吸引子。混沌科学从理论走向应用在很大程度上取决于 PSRT 将混沌理论引入非线性时间序列分析的提出，并成为混沌动力学系统时间序列分析的重要理论依据。对于一个复杂的高维系统，能够得到的往往是一维的标量信息，如交通流的时间序列数据，在此情况下如何构建系统的相空间是 PSRT 的核心。PSRT 是根据一个变量有限的时间序列实现重构动力系统的相空间，基本原理观点为：系统中任一分量的演化都是由与之相互作用着的其他分量所决定的。因而这些相关分量的信息都隐含在任一分量的发展过程中。因此，每个分量的演化过程都隐含着系统的全部信息。

Takens 在 1981 年提出的嵌入定理对相空间重构理论进行了严格的数学证明[6]，按照 Takens 的嵌入定理，只要嵌入维数 m 足够大，即要求延迟坐标的维数 $m \geqslant 2D+1$（D 为动力系统的关联维数），在该嵌入维空间里可把有规律的轨道（吸引子）恢复出来，即在重构的 R^n 空间的轨道上与原动力系统保持微分同胚，该意义说明构造系统与原动力系统吸引子的拓扑结构和几何结构完全相同，即有等同的动力学特性，从而为混沌时间序列的预测算法奠定了理论基础。对于观察到的时间序列 $x(t_i)=\{x(t_1), x(t_2), \cdots, x(t_n)\}$，$n$ 为时间序列样本数。用时间延迟的方法构造 $M=N-(m-1)\tau$ 个 m 维相空间矢量：

$$X_j=(x(t_j),x(t_j+\tau),\cdots,x(t_j+(m-1)\tau)) \quad (j=1,2,\cdots,M) \tag{2-5}$$

于是重构的轨道为

$$X=[X_1,X_2,\cdots,X_n]^{\mathrm{T}} \tag{2-6}$$

式中，m 和 τ 分别为嵌入维数和延迟时间，X 为 $M\times m$ 维矩阵。

式（2-5）中任一相点 X_j 都包含 m 个分量（或状态点），对 n 个相点在 m 维的相空间中构成一个相型，相点间的连线就是描述动力系统在 m 维相空间中的演化轨迹。

Takens 提出和证明了嵌入定理，但对重构参数的选择没有给出指导性的建议。理论上，对于一个无限长、无噪声的时间序列，延迟时间的选取可以是任意的，但实际上这样的序列是不可得到的，实际应用中延迟时间的选取对相空间的重构质量有着重大的影响，因此适当地选取延迟时间具有重要意义。另外，Takens[92]已经证明，对于一个维数为 D 的吸引子，当嵌入维数 $m \geqslant 2D+1$ 时，重构的吸引子能保持原来吸引子的拓扑特性。但实际上由于一个未知的动力学系统的吸引子维数 D 是不知道的，因此这一条件在应用中没有实际意义，而嵌入维数高于实际维数时，在混沌时间序列分析和动力学不变量的计算中又带来多余的计算和噪声。因此，嵌入维数的确定也是混沌时间序列分析的一个重要内容，有着重要意义。为了重构高质量的吸引子，必须正确地选择重构参数：如时间序列长度 n、嵌入维数 m 和延迟时间 τ 等。目前尚无选择重构参数的公认标准，只有一些经验标准供参考。

2.2.2 时间序列长度的求取方法

时间序列的长度 n 越长，相应时间序列所包含的原系统的信息就越多，但太长的时间序列将包含更多的噪声，使重构过程计算时间过长，通常要求时间序列的长度 $n \gg 10D/2$，其中 D 为关联维数[93,94]。

2.2.3 嵌入维数的求取方法

关于嵌入维数 m，Takens[6]、Sauer[87]等先后从理论上证明了当 $m=2D+1$ 时可获得一个吸引子的嵌入，但这只是一个充分条件，对实验数据选择 m 没有帮助。Ding[88]等证明了对无噪声、无限长的数据，只要取 m 为大于关联维数 D 的最小整数即可。但对长度有限且具噪声的数据，m 要比 D 大得多。如果 m 选得太小，则吸引子可能折叠以至在某些地方自相交。这样一来，在相交区域的一个小邻域内可能会包含来自吸引子不同部分的点。如果 m 选得太大，理论上是可以的，但在实际应用中，随着 m 的增加会大大增加吸引子的几何不变量（如关联维数、Lyapunov 指数等）的计算工作量，且噪声和舍入误差的影响亦会大大增加。在实际应用中通常的方法是计算吸引子的某些几何不变量，逐渐增加 m 直到这些不变量停止变化为止。从理论上讲，由于这些不变量是吸引子的几何性质，当 m 再增加时，这些不变量与嵌入维数就无关了。取吸引子的几何不变量停止变化时的 m 为饱和嵌入维数[89]。

因此，嵌入维数的确定原则是能够充分描述由时间序列给出的原系统动力学行为的最小嵌入维数。在实际操作时，求取最佳嵌入维数的方法主要有以下几种：关联指数饱和法、奇异值分解（SVD）、伪最邻近点（false nearest neighbors）、Cao 方法、预测效果法、映像距离（distances between images）法、真实矢量场（true vector fields）法。

在这些方法中，以 G-P 算法、C-C 方法、Cao 方法较为常用。

2.2.4 延迟时间的求取方法

实验研究表明[90]，如果延迟时间 τ 选取得太小，则相空间矢量 X_j 的相邻延迟坐标元素［如 $x(t_j)$ 与 $x(t_j+\tau)$ 差别太小］，即冗余较大，重构相空间的样点所包含的关于原吸引子的信息偏小，表现在相空间形态上为信号轨迹向相空间主对角线压缩，如果 τ 选取得太大，则相空间矢量 X_j 的相邻延迟坐标元素不相关，则信息丢失，信号轨迹就会出现折叠现象。因此，要求延迟时间既不能太小，也不能太大。

因此，相空间的延迟时间选择成了重构相空间的关键因素之一，选择合适的延迟时间还可降低嵌入维数。目前，在实际操作中最佳延迟时间的选取方法主要如下：互信息（mutual information）法和其他信息论的方法，如冗余度（redundancy）法和信息熵等方法、自相关法和复自相关法、预报效果法、真实矢量场法、波动积（wavering product）法、填充因子（fill factor）法、累积局部变形（integral local deformation）法、简单轨道扩张（simple spreading of trajectories）法、奇异值分解法和 Jacobi 矩阵行列式法。

在这些方法中，以自相关法[23,91]及在此基础上改进的复自相关法[92,93]和互信息法[94]最为常用。

2.3　混沌判别的常用方法

2.3.1　混沌判别方法的分类

尽管混沌有不同的定义，但是根据混沌的定义来判断识别混沌会有许多不便。所以，从混沌理论出现以来，便有许多学者致力于研究混沌的判别问题。然而到目前为止，还不存在一个普适性的混沌判别方法。由于混沌状态的高度复杂性，利用解析的方法来判别是很困难的。加之计算机技术和数字信号处理技术的飞速发展，使得人们在研究混沌判别问题时，通常采用数值方法。发展至今，混沌判别方法大体上可以分为两类。

第一类：直观方法。所谓直观方法，就是仅通过对被分析信号的时域或频域特征曲线的观察，直观地确定混沌存在与否。这类方法是基于从理论上对混沌的认识，采用实验的手段来观察混沌现象，故相对简单、直观，不需复杂的计算。这类方法包括时间历程法、相轨迹图法、频闪采样法、Poincare 截面法及功率谱法。

由于直观方法具有简单易行、判别方便等特点，因而成为判别混沌的最基本手段，很多学者在研究混沌现象时，都采用了此类方法[95-97]。但是，这类方法也有其不可否认的缺点，其中最主要的缺点就是判别不精确，利用直观方法得到的判别结果受很多因素的影响，如实验中仿真时间的长短、采样点的多少等，甚至还受到实验人员主观因素的影响。诸多因素的存在，必然造成直观方法精确性低，误差大。

第二类：定量方法。所谓定量方法，就是通过一定方法计算混沌的某个特征量，根据得到的特征量数值判别混沌是否存在。这些混沌的特征量包括分维数（fractal dimension）、柯尔莫哥洛夫熵（Kolmogorov entropy，简称 K 熵）及李雅普诺夫特性指数（Lyapunov characteristic exponents，LCE），相应于这三种特征量，也就是这三种定量判别混沌的方法及由这些方法演变出来的混沌判别方法。

和直观方法不同，定量方法需要经过一定量的计算过程，根据得到的具体数值判别混沌的存在与否。因此，定量方法较直观方法复杂一些。但是，定量方法通过具体的数值而不是直观的图形判别混沌，具有直观法不可比拟的精确性。因此，当前在混沌识别的研究中，越来越多的学者开始采用定量方法[98-100]。

在上述三种定量的混沌判别方法中，以 Lyapunov 特性指数最为重要，应用也最为广泛。另外两种判别方法，分维数法和 K 熵法都和 Lyapunov 特性指数有着密切的关系。根据 Kaplan-Yorke 假设，分维数法中的信息维数与 Lyapunov 特性指数 λ 的关系式如下[101]：

$$D_1 = j + \sum_{i=1}^{j} \lambda_i / |\lambda_{j+1}| \tag{2-7}$$

式中，j 满足 $\sum_{i=1}^{j} \lambda_i > 0$ 和 $\sum_{i=1}^{j+1} \lambda_i < 0$，$D_1$ 代表信息维数。

Y. B. Pesin 等则给出了 K 熵和 Lyapunov 特性指数的关系[105]：

$$K = \sum_{j:\ \lambda_j > 0} \lambda_j \tag{2-8}$$

即 Kolmogorov 熵等于所有正的 Lyapunov 特性指数之和。

式（2-7）和式（2-8）分别给出了分维数和 K 熵与 Lyapunov 特性指数的关系式，说明了如果要定量地判别混沌，最基本的就是求取系统的 Lyapunov 特性指数。这也是本书采用 Lyapunov 特性指数作为定量混沌判据的一个原因。

2.3.2 直观分析法与定量分析法的比较

时间历程法、相轨迹图法、频闪采样法、Poincare 截面法及功率谱法等，作为混沌的直观判据，有其自身的优点：它可以直观地描述物理模型抽象概念所蕴含的科学内涵，使某些抽象的概念和复杂的过程视觉形象化，能较有效地探讨系统内在的本质和规律性。

但是这种直观法的缺点却是不容忽视的：首先，这种方法的效率低，若想真正反映系统的特性，在计算机仿真中必须有足够长的仿真时间，选取足够多的采样点，而这势必造成实验效率的降低。其次，直观法的误差很大。造成误差大的原因很多，如计算机仿真中采样点的不足、实验人员的主观判别误差等。再次，直观法不能精确地辨识系统从混沌态向周期态的跃变。微弱信号混沌检测技术的关键是判别出系统从混沌态跃变到周期态的那一瞬间，混沌判据的精确与否直接关系到检测结果的精确度。

相对而言，定量分析法有着直观法不可比拟的精确性，定量分析法通过具体的数值，判别出系统是否处于混沌状态，而不会出现直观法难于判别的问题，所以定量法消除了直观法可能出现的误判情况，大大提高了判断的精确性。因此，本书将主要研究定量分析法，而定量分析法中 Lyapunov 特性指数法是最基本的，也是最重要的，另两种方法，即分维数法和 K 熵法，都与之有密切联系[102]，所以本书确定采用 Lyapunov 作为混沌判据，并应用于混沌时间序列判别中。

2.4　典型混沌系统

2.4.1　虫口模型——Logistic 映射

虫口模型由美国数学生态学家 May 于 1976 年提出。它以数学方法来刻画昆虫的数量变化，因此称为虫口模型。其表达式为

$$x_{n+1}=x_n(a-bx_n) \tag{2-9}$$

式中，a 表示增长率，bx_n 表示在有限的资源条件下昆虫数量的饱和状态。即在一定范围内，由于支持该数量的昆虫所需要的食物资源是有限的，所以当特定范围内的昆虫数量过多、x 值极大时，昆虫之间就要争夺有限的食物等资源[41]。

关系式 $x_{n+1}=\mu x_n(1-x_n)\ (n=1, 2\cdots)$，就是表述虫口模型的离散动力系统。$a=b=\mu$，则由 μ 的取值范围可以分为如下几种情况。

1）当 $0<\mu\leqslant 1$ 时，$f(x)=\mu x(1-x)$ 表示的系统是离散的，且具备简单的非线性动力学特征，仅有不动点 $x_0=0$ 是做周期运动的，该不动点也被称为吸引不动点。

2）当 $1<\mu<3$ 时，$f(x)=\mu x(1-x)$ 表示的系统较为简单。此时共有两个不动点，分别是 0 和 $1-1/\mu$，同时这两点也是系统在 $0<\mu\leqslant 3$ 时仅有的两个周期点。

3）当 $3 \leqslant \mu \leqslant 4$ 时，由方程 $f(x)=\mu x(1-x)$ 确定的系统与前两种情况不一样，这时系统的动力学特征变得非常复杂，并且在这种情况下，系统演化逐渐由倍周期分岔变成混沌。

4）当 $\mu>4$ 时，系统的动力学形态更复杂。

这四种情况如图 2-1 所示。

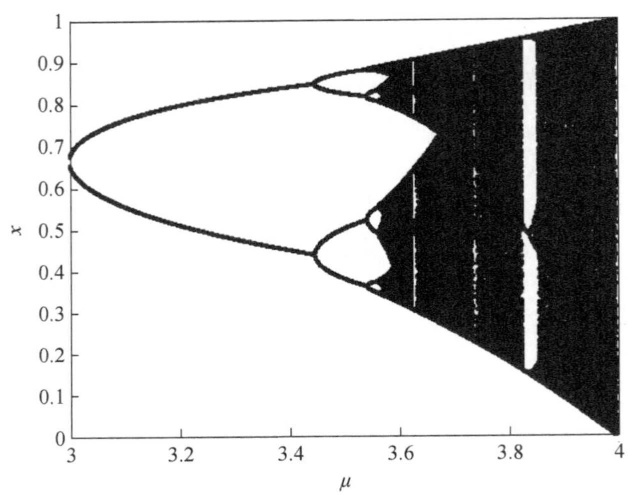

图 2-1 Logistic 映射的倍周期分岔通向混沌

由图 2-1，我们可以对应看到 Logistic 方程对应的四个阶段。在第一阶段，系统仅有 $x_0=0$ 一个不动点；而在第二阶段，系统演化为两个不动点，进行周期运动，在图上显示为两条单独的曲线；在第三阶段，系统演化进入较为复杂的过程，演化轨迹出现多处分岔，且随着参数 μ 的增大，这种分岔逐渐演化为混沌；最后，在第四阶段，系统演化出完全混沌的特征。

2.4.2 Lorenz 方程——大气对流模型

Lorenz 方程所代表的混沌特性由美国气象学家洛伦茨（Lorenz）在 1963 年提出[44]。其具体的表达形式见公式（2-1）。

Lorenz 方程组为三阶常微分形式，x 表示振幅，与运动强度具有正相关关系，y 表示上升流与下降流间的温差，z 表示垂直分布的非线性度，σ 称作普朗特（Prantl）数，r 为瑞利数与其临界值之比，b 为正实数，没有直接的物理意义[41]。

由于等式右端的二次项 xz 和 xy，因此 Lorenz 方程是非性线的。由于非线性的存在，使得系统中的每个部分相互影响和作用，同时相互之间的非线性作用力使系统整体并不仅等于各个部分的加和，而是可能会出现两种结果。一方面是某种量的增加或减少，且这种量的变化是区别于普通的线性增加的；从另一方面来讲，在非线性的作用下系统的频率及结构都会发生改变。若取初值 $x(0)=-1$，$y(0)=0$，$z(0)=1$，积分时间步长 $h=0.01$，对固定参数取值 $\sigma=10$，$b=8/3$，$r=28$，对其进行积分，便可得到关于 x、y、z 的时间序列，同时所对应的变量在三个平面上的投影也可以得出。

由图 2-2 可知，Lorenz 方程的曲线与无序的噪声曲线是不同的，其在不同的平面上都呈现出一定的规律性。从图 2-2 中可得，处于不同侧面上的曲线沿着一定轨迹进行重复性运动，最终会趋向于相对稳定的区域。但曲线在重复的同时也在按照某种规律不断改变，这说明了混沌现象本身所具有的非周期性和随机性。

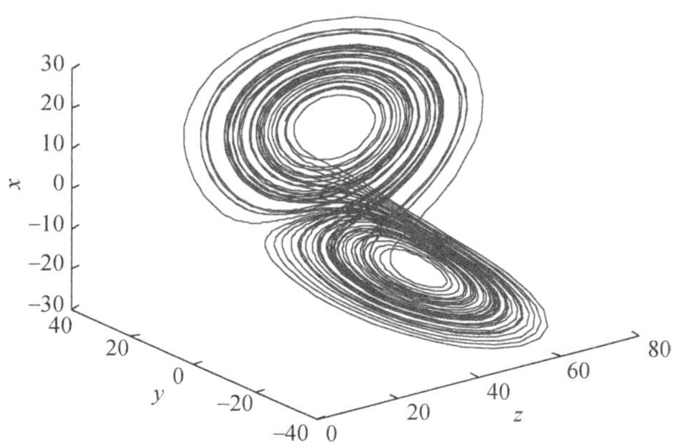

图 2-2　Lorenz 方程的三维空间相图

2.4.3　Chen's 吸引子

陈关荣在研究中发现了新的混沌吸引子[57]，其表达形式见公式（2-3）。

对公式（2-3），取初值 $x(0)=0$，$y(0)=1$，$z(0)=0$，积分时间步长 $h=0.01$，用四阶 Runge-Kutta 法积分式（2-11），除去前面 1×10^5 个点，用后面 2.5×10^5 个点作图 2-3。

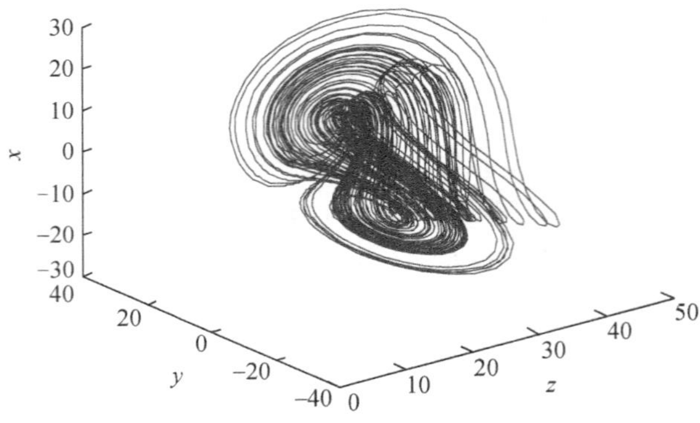

图 2-3 Chen's 方程的三维空间相图

2.4.4 Rossler 吸引子

Rossler 吸引子是最著名的混沌吸引子之一，由 Otto Rossler 于 1976 年提出。Rossler 方程组的表达式为[103]

$$
\begin{cases}
\dot{x}=-(y+z)\\
\dot{y}=x+dy\\
\dot{z}=e+z(x-f)
\end{cases}
\tag{2-10}
$$

固定参数 $d=0.52$、$e=2$、$f=4$ 时，初值 $x(0)=y(0)=z(0)=0$，用四阶 Runge-Kutta 法积分式（2-10），作图 2-4。

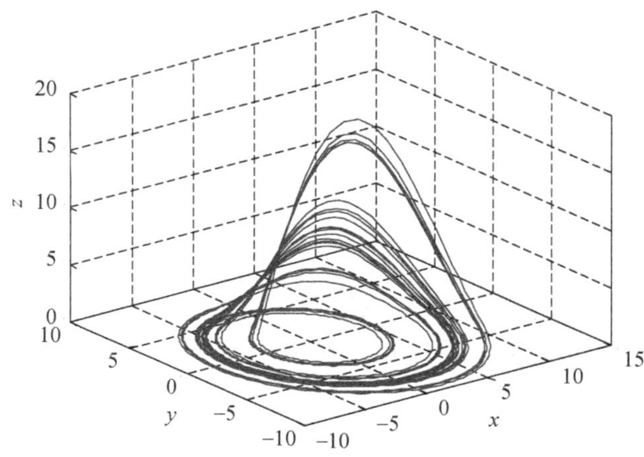

图 2-4 Rossler 方程的三维空间相图

2.4.5　Henon 映射

1976 年，法国天文学家伊侬（Henon）在研究球状星团及洛伦兹吸引子过程中得到启发，从而提出一种二维混沌映射，即 Henon 映射，它是最著名的简单动力学系统之一，它的动力学方程可表示为

$$\begin{cases} x(k+1)=1+y(k)-ax^2(k) \\ y(k+1)=bx(k) \end{cases} \tag{2-11}$$

当 $a=1.4$、$b=0.3$ 时，系统处于混沌状态，如图 2-5 所示。

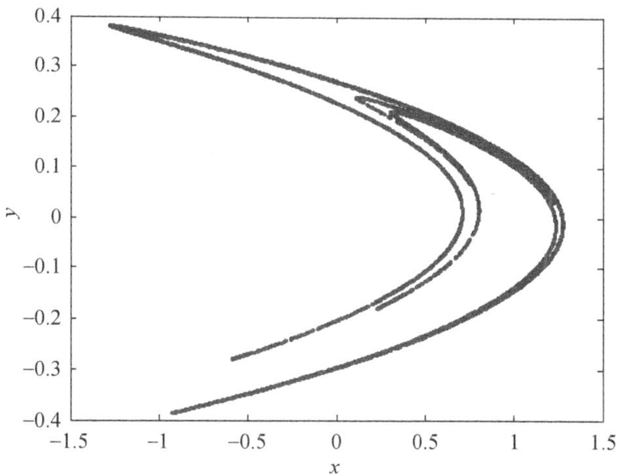

图 2-5　Henon 方程的二维空间相图

第3章　常用混沌时间序列预测方法

随着混沌动力学的发展，人们对时间序列预测的复杂性有了更深刻的认识。即使是一个完全确定的模型，经充分精确的数值求解，所获得的长时间的演化结果也可能类似随机的。动力系统长时间预测不准确的原因不是由于外在随机因素影响，而更重要的是由系统内在的动力学特性所决定。混沌时间序列预测是以重构相空间理论为基础[6]。混沌时间序列的预测问题可以理解为动力系统研究的“逆问题”，它是给定相空间中的一串迭代序列，构造一个非线性映射来表示这一动力系统，这样的非线性映射就作为预测模型。

3.1　混沌时间序列预测理论基础

混沌现象广泛存在于人们的现实生活中，目前许多非线性时间序列，如电力负荷、径流序列、交通流量序列、电价序列及某些金融时间序列，均被判定具有一定混沌特性。近年来，混沌理论的迅速发展为非线性时间序列预测开辟了新的道路。要利用混沌理论进行时间序列预测，必须首先识别该时间序列是否具有混沌特性。而在不规则的复杂行为时间序列中恢复吸引子的性质，是进行混沌时间序列预测的前提。

3.1.1　引论

对一种物理现象的研究，不仅要了解它的过去，还必须能够对其未来的行为具有一定的预测。因此，预测是科学研究的一个重要方面。但混沌是介于确定和非确定之间的一种物理现象，具有随机信号的特征，并且其对初值的敏感性，使得精确的预测很困难。同时，混沌信号同样具有确定的结构，并且现实的混沌信号多由确定的系统产生。其确定性表现为不同的混沌系统都具有特定的吸引子，并且不随时间和初始条件发生改变。其表现在相空间中，确定的结构使得其运动轨迹是唯一的并且是确定的[104]。因此，在一定的范围内，混沌信号是可以预测的。但是，长期预测能力依然受限于我们对该混沌系统的先验知识，以及混沌系统的初值敏感性[105]。

通常，动力系统可以用离散和微分的方式表示为

$$x_{n+1}=F(x_n) \tag{3-1}$$

$$\frac{\mathrm{d}}{\mathrm{d}t}x(t)=f(x(t)) \tag{3-2}$$

混沌时间序列预测的目的是在一定的预测精度下，获得函数 $F(x)$ 和 $f(x)$ 的近似表达式，并利用获得的预测函数，来估计系统未来的轨迹[106,107]。长期以来，混沌时间序列预测技术大致形成了两类，局域预测算法和全局预测算法[108-111]。在相空间中，如果一个混沌系统的吸引子是光滑的，那么，相邻的状态点在经过一段很短的时间演化后，其距离仍然很近[114]。这个特性就成为混沌时间序列的局域预测方法的基础。

局域预测通过在已知点中寻找当前点的最近邻点，并利用线性或非线性的方法，用最近邻点的未来值来近似当前点的将来状态。对于一些简单的混沌系统，甚至不需要搜索最近邻点，只使用当前值前面几个点就能够拟合出混沌信号的演化轨迹[41]，从而得到将来的状态。但是，对于复杂的系统，需要大量的观测数据以寻找到正确的最近邻点，并且无法预测出观测数据中未出现点的未来走势。局域方法的另外一个缺点是受噪声的影响较大，会影响到对真实最近邻点的判断。其优点是对产生混沌信号的系统本质不需要太多的先验知识，而预测的精度直接与所用最近邻点的准确程度相关。

由于大多数混沌信号是由同一个确定系统产生的，那么所有观测到的数据都能够反映同样的映射关系，因此，所有的数据都含有该映射的信息。全局预测算法就是根据全部的观测数据，来获得预测函数[104]。相对于局域预测，全局预测更能够适应不同的应用，因此也更加引人关注。但是，并非所有的混沌系统都是由确定公式产生的，如天气，那么，很多混沌系统无法用数学公式来描述，因此全局预测显得更具有挑战性。

除了分成局域方法和全局方法外，混沌预测技术还有其他的分类方法，如根据所使用的函数，可以分为线性方法[112]和非线性方法[113]。线性方法一般适用于简单的混沌系统，目前研究的并不多，而非线性方法是研究的重点。

3.1.2　相空间重构

混沌是自然界和人类社会中广泛存在的运动形式，当前研究的许多时间序列，如电力负荷、交通流量序列、气候序列、心电序列及某些金融时间序列，都表现出一定的混沌特性，因此混沌学的迅速发展为时间序列的预测开辟了新的道路。由混沌系统产生的轨迹经过一个时期的变化后，最终会做一种复杂但有规律

的运动，产生一种规则的轨迹——奇异吸引子，这种规则轨迹在经过拉伸和折叠转化为时间序列后，却呈现出混乱复杂的特征，如何在错综复杂的单维时间序列中恢复奇异吸引子的性质，是混沌时间序列预测的前提条件。Packard 和 Takens 提出了相空间重构理论，证明可以通过计算嵌入维和时间延迟，构建一个低维相空间，并在该空间中可以将混沌吸引子恢复出来，从而为混沌时间序列的预测奠定了坚实的理论基础。

对非线性系统而言，系统任意分量的演化是由与之相互作用的其他分量所决定的。因此，这些相关分量的信息就隐含在任一分量的发展过程中。这样就可以从某一分量的一批时间序列中提取和恢复出系统原来的规律，这种规律是高维空间中的一种复杂但规则的轨迹，即奇异吸引子。

相空间重构理论是混沌时间序列预测的基础，Packard 等[5]和 Takens[6]提出了用延迟坐标法对混沌时间序列 $x(1)$，$x(2)$，…，$x(n)$ 进行相空间重构，则在状态空间中重构的某一点状态矢量可以表示为

$$X_i=(x(i),x(i+\tau),\cdots,x(i+(m-1)\tau))^{\mathrm{T}} \tag{3-3}$$

式中，$i=1$，2，…，M；$M=n-(m-1)\tau$ 是重构相空间中相点的个数；τ 是延迟时间；m 是嵌入维数，即重构相空间的维数。

因此，对于具有 n 个数据点的预测信号 $x(1)$，$x(2)$，…，$x(n)$，可以在 m 维相空间中重构成 $M=n-(m-1)\tau$ 个状态点，这些相点的连线构成了 n 个数据点在 m 维相空间中的轨迹，该轨迹表征了系统状态随时间的演化。

Takens 定理证明了如果嵌入维 $m\geqslant 2D+1$（D 为系统动力学维数），则系统原始状态变量构成的相空间和一维观测值重构相空间里的动力学行为等价，两个相空间中的混沌吸引子微分同胚，即一维观测值中包含系统所有状态变量演化的全部信息。由此演化规律可得到系统下一时刻的状态，从而得到时间序列下一时刻的预测值。这为混沌时间序列的预测提供了依据。

在重构相空间中，嵌入维 m 和时间延迟 τ 的选取具有十分重要的意义，同时选取合适的值也是很困难的。当嵌入维 $m<2D+1$ 时，相空间不能恢复奇异吸引子的原有性质，而当嵌入维取值过大时，高维重构相空间将包含过多的冗余信息，因此当嵌入维大于某个最大值时，预测精度会随着嵌入维的增大而单调下降。而对于时间延迟的选取，当取值过小时，时间序列的任意两个相邻延迟坐标点非常接近，不能相互独立，将会导致数据的冗余，当取值过大时，由于“蝴蝶效应”的影响，时间序列的任意两个相邻延迟坐标点将毫不相关，不能反映整个系统的特性。关于嵌入维和时间延迟的计算，当前主要有以下两种观点：一是认为时间延迟和嵌入维的选取是独立进行的，根据这种观点，嵌入维和时间延迟都使用各自的算法分别计算，二是认为嵌入维与时间延迟是相关的，通过计算嵌入

窗宽 $(m-1)\tau$ 进行相空间重构。

3.2　局域预测方法

Farmer 和 Sidorowich 在相空间重构理论的基础上提出了混沌时间序列的局域预测的思想[114]，只对与 m 维嵌入空间中需要预测的相点相邻近的 K 个状态点进行拟合，利用重构函数 F 对相空间轨迹的运动趋势进行预测。在相空间中，当系统运动所呈现的吸引子形式不稳定时，则采用局域预测方法。由于局域预测法有着适用性广、计算所需的数据量小、运算速度快的优点，更能体现混沌系统的动态性，具有比全局法更好的预测性能，所以得到广泛的运用。目前，常用的局域法有基于 Lyapunov 指数的局域法、零阶局域法、一阶局域法及高阶局域法等，其根据应用环境的不同而有所区别。

3.2.1　加权一阶局域预测法

局域法是将相空间轨迹的最后一点作为中心点，把离中心点最近的若干轨迹点作为相关点，然后对这些相关点进行拟合，再估计轨迹下一点的走向，最后从预测出的轨迹点的坐标中分离出所需要的预测值，其原理即“寻找历史上情况最相似之处”。这种方法最早被 Lorenz 用于天气预报，他首先找到历史上最接近于今天的天气图，并假设明天的天气最接近于历史上的第二天。混沌时间序列局域预测算法对参考相点的邻域进行拟合时，得到的拟合函数实际是分段函数，从而能体现出系统整体的非线性特征。这种预测方法柔韧性好，具有拟合速度快且精度较高的特点，目前得到了广泛的应用和研究。迄今为止，已提出了多种局域预测模型和方法，如零阶局域预测法、加权零阶局域预测法、一阶局域预测法和加权一阶局域预测法。下面主要介绍加权一阶局域预测方法。

对于式（3-3）所表示的状态空间中重构的状态矢量，设中心点 X_M 的最邻近点为 $X_{Mi}(i=1,\ 2,\ \cdots,\ q)$，且 X_{Mi}到 X_M 的距离为 d_i，设 $d_{\min}$是 d_i 中的最小值，定义点 X_{Mi}的权值为

$$P_i=\frac{\exp(-c(d_i-d_{\min}))}{\sum_{i=1}^{q}\exp(-c(d_i-d_{\min}))}\qquad(i=1,2,\cdots,q)\tag{3-4}$$

式中，c 为参数，一般取 $c=1$，则一阶局域线性拟合为

$$X_{Mi+1}=ae+bX_{Mi}\qquad(i=1,\ 2,\ \cdots,\ q)\tag{3-5}$$

式中，a、b 为拟合系数，e 为一个 q 维向量，$e=(1,\ 1,\ \cdots,\ 1)^{\mathrm{T}}$，$X_{Mi+1}$是 X_{Mi}演

化一步后的相点。

当嵌入维数 $m \geqslant 1$ 时，应用加权最小二乘法有

$$\sum_{i=1}^{q} P_i\left(x_{Mi+1}-a-bx_{Mi}\right)^2=\min \tag{3-6}$$

对式（3-6）求解 a、b，然后代入一步预测式（3-5），即可得到演化一步后的相点预测值 X_{M+1}：

$$X_{M+1}=\left(x_{n-(m-1)\tau+1}, x_{n-(m-1)\tau+2}, \cdots, x_n, x_{n+1}\right) \tag{3-7}$$

这里，X_{M+1} 中前（$m-1$）个元素为原序列中已知值，其第 m 个元素 x_{n+1} 即为原序列的一步预测值。式（3-7）即为加权一阶局域法一步预测模型。

局域预测方法的精度与最近邻点的选择直接相关。由于通常获得的数据不可避免地含有噪声，使得搜索到正确的最近邻点变得很困难，这将导致算法性能下降。为了提高预测精度，国内外学者对基本局域预测方法进行了改进。其中，Gong 和 Lai 等提出 ε^p 邻域的方法来区分虚假最近邻点[110]，而国内的侯越先等通过引入仿射变换，改善了高维重构空间的全局 Lyapunov 指数，提高了预测精度[115]。

其他一些典型算法可以参见相关参考文献[116-119]。总体来讲，局域预测计算量较小，无需较多的先验知识，预测精度较高，但是需要很多的内存空间，计算时间较长，不适合实时工作。

【附】加权一阶局域法预测算法 MATLAB 源程序

```
clc
clear all
close all
disp('---------基于 AOLMM 的混沌时间序列的多步预测---------')
% ------------------------------------------------------------
% 产生 Logistic 混沌时间序列
lambda=4;
x=0.1;
k1=7e+3;            % 前面的迭代点数
k2=3e+3;            % 后面的迭代点数
f=zeros(k1+k2,length(lambda));
for i=1:k1+k2
    x=lambda.* x.* (1-x);
    f(i,:)=x;
end
```

```
data=f(k1+1:end,:);
% ----------------------------------------------------------------
% 相关参数入口
tao=6;                    % 时延为 1,实际计算为 1,但从图形上看应为 3
d=2;                      % 嵌入维
mtbp=10;                  % 平均时间序列周期
tr_step=1500;             % 训练样本数
MaxStep=30;               % 最大预测步数
N=tr_step;
Step=1:1:MaxStep;
% ----------------------------------------------------------------
% 调入 AOLMM 计算函数进行多步预测
[PredictedData]=FunctionChaosPredict(data(1:N),N,mtbp,tao,d,MaxStep);
err=data(Step+N)-PredictedData;
err_mse=sum(err.^2)/length(err)                  % 预测均方误差
err_mse3=(sum(abs(err'))/length(err))
perr=sum(err.^2)/sum(data(Step+N).^2)           % 预测相对误差
% ----------------------------------------------------------------
% 结果作图
figure;
subplot(211);
plot(Step+N,PredictedData,'r* -',Step+N,data(Step+N),'b.-');
axis([N,N+MaxStep,-.5,1.5]);
xlabel('n');
title('真实值和预测值');
ylabel('x(n)xp(n)')
legend('局域法预测值','真实值');
subplot(212)
plot(Step+N,err);grid;
title('预测绝对误差');
xlabel('n');
ylabel('e(n)');
```

3.2.2　最大 Lyapunov 指数预测模型

最大 Lyapunov 指数预测法是基于混沌轨道对初值的敏感性，即从两个相邻的初始点出发的两条轨道之间的距离随时间呈现指数变化，这种敏感性可利用 Lyapunov 特征指数定量地描述。对多维的动力学系统来说，Lyapunov 指数可以作为判断时间序列系统是否具有混沌特性的一个依据，当最大 Lyapunov 指数大于 0 时，系统具有混沌特性。因此，时间序列的最大 Lyapunov 指数是否大于零可以作为该序列是否是混沌的一个判据。这种方法比较准确，它给出了一个定量的标准。

由混沌动力学理论可知，Lyapunov 指数刻画了相空间中相体积收缩和膨胀的几何特性。因此，Lyapunov 指数作为量化动力系统对初始轨道的指数发散和估计系统的混沌量，是系统的一个很好的预测参数。Wolf 等根据在混沌时间序列重构相空间中，邻近轨道之间的距离随时间演化呈指数形式分离的研究成果，提出根据最大 Lyapunov 指数进行预测的混沌时间序列预测方法。其思想是在历史时间序列样本中寻找相似点，根据相似点的演化行为和最大 Lyapunov 指数的物理意义，运用一定的数学模型获取预测值。

对于混沌时间序列 x_1，x_2，…，x_n，假如需要预测 x_{n+1}，则取相空间重构中的相点：

$$X_M=(x_{n-(m-1)\tau},x_{n-(m-1)\tau+1},\cdots,x_n) \tag{3-8}$$

为预测中心点，设 X_M 的邻近点为 X_k，则 $X_k\in\{X_1，X_2，\cdots，X_{M-1}\}$，$X_M$ 与 X_k 的距离为 d，则有最大 Lyapunov 指数为 λ_1，即

$$d_M(0)=\min_j\|X_M-X_j\|=\|X_M-X_k\| \tag{3-9}$$

$$\|X_M-X_{M+1}\|=\|X_k-X_{k+1}\|e^{\lambda_1} \tag{3-10}$$

式（3-10）中 X_{M+1} 只有最后一个分量 x_{n+1} 未知，故 x_{n+1} 是可预测的。式（3-10）就是最大 Lyapunov 指数的预测模型。将预测值作为已知数据值加入原时间序列，重复以上步骤可实现最大 Lyapunov 指数多步预测。

最大 Lyapunov 指数的具体预测算法步骤如下：①根据 Takens 定理，由单维时间序列重构相空间得 X_M；②计算最大 Lyapunov 指数 λ_1；③寻找中心点 X_M 的邻近状态 X_k；④由公式计算 X_{M+1}，并对根进行取舍以确定预测结果。

小数据量法是目前求最大 Lyapunov 指数的最佳方法，但求取过程中，线性段选取的主观性会导致指数值差别较大，所以将最大 Lyapunov 指数用于混沌性质的判断是可行的，但用于定量预测计算难度较大，在无法确保指数值足够准确的情况下，预测值的可信度自然不高，因此在实际中应用较少。

【附】最大 Lyapunov 指数预测算法 MATLAB 源程序

```
clc
clear all
close all

disp('---------基于 Lyapunov 的混沌时间序列的单步预测---------')
% ---------------------------------------------------------------
% 产生 Logistic 混沌时间序列
lambda=4;
x=0.1;
k1=7e+3;              % 前面的迭代点数
k2=3e+3;              % 后面的迭代点数
f=zeros(k1+k2,length(lambda));
fori=1:k1+k2
    x=lambda.* x.* (1-x);
    f(i,:)=x;
end
data=f(k1+1:end,:);        % 时间序列(列向量)
% ---------------------------------------------------------------
% 相关参数入口
tau=6;                     % 时延
m=2;                       % 嵌入维
P=10;                      % 平均时间序列周期
lmd=0.997;                 % 最大 Lyapunov 指数
MaxStep=30;                % 最大预测步数
N=1500                     % 样本数
xn_train=data(1:N);
xn_test=  data(N+1:N+MaxStep);
% ---------------------------------------------------------------
% 最近距离不考虑相角
fori=1:MaxStep
    i
    [idx,min_d,idx1,min_d1]=nearest_point(tau,m,xn_train(1:N-1+i),N
-1+i,P);
    [PredictedData_1(i),PredictedData_2(i)]=pre_by_lya1(tau,m,lmd,
```

```
xn_train(1:N-1+i),N-1+i,idx1,min_d1,1);
        xn_train(i+N)=PredictedData_1(i);
    end
    % -------------------------------------------------------------
    disp('-----------求 RMSE---------------------')
    xn_test=xn_test';
    q=mean(xn_test);
    RMSE1=norm(PredictedData_1-xn_test,2)/norm(xn_test-q,2)
    disp('-------------中误差-----------------')
    v=abs(PredictedData_1-xn_test);
    MSE=sqrt(sum(v.^2)/length(xn_test))    % 均方误差
    disp('----------MAPE 平均绝对百分比误差---------------')
    fori=1:length(xn_test)
        a2(i)=xn_test(i)-PredictedData_1(i);
        a1(i)=abs((xn_test(i)-PredictedData_1(i))/xn_test(i));
    end
    MAPE1=sum(a1)/length(xn_test)* 100
    err3=sum(abs(a2))/length(xn_test)
    Perr=sum(a2.^2)/sum(xn_test.^2)      % 一步预测相对误差
    xuhao=(N+1:N+MaxStep);
    jieguo=[xuhao;PredictedData_1;xn_test;a2;a1]';
    % -------------------------------------------------------------
    % 结果作图
    figure
    subplot(211);
    plot(N+1:N+MaxStep,PredictedData_1,'r* -',N+1:N+MaxStep,xn_test,'b.-')
    axis([N,N+MaxStep,-.5,1.5]);
    xlabel('n');
    title('真实值和预测值');
    ylabel('x(n),xp(n)')
    legend('lyap 法预测值','实测值');
    subplot(212)
    plot(N+1:N+MaxStep,a2);;grid;
    title('预测绝对误差')
    xlabel('n');
    ylabel('e(n)');
```

3.3 全局预测方法

全局预测算法是另一类重要的预测方法，它利用全部已获得的信息，来推测混沌系统未来的发展轨迹。全局预测算法由于适用范围广，因此备受关注。常用的全局预测算法有以下几种。

3.3.1 全局多项式预测

多项式函数本身构成一组完备的正交基，理论上能够以任意的精度逼近任何连续的函数，因此常被应用于混沌序列全局预测中。由 Li-Yorke 混沌定义的分析可知，混沌吸引子的运动过程相当分散又相当集中，也就是说，吸引子之外的任一状态点都有靠近吸引子与临界状态点共同运动进而进入吸引子域的趋势，吸引子在总体上表现为吸引和稳定作用，而吸引子内部各个方向的运动状态之间又存在相互排斥作用，任一状态点都有与临界状态点保持在吸引子内并形成分形结构的运动趋势，趋向于不稳定状态。因此，通过吸引子状态临界点与预测点的这种同方向运动关系构造近似预测函数，从而实现对其后续时间序列的预测。

根据 Weierstrass 定理，对于任一定义有界闭区间的连续函数，总可以用一个多项式来逼近，且当多项式阶数趋于无穷大时，两者之间的误差渐近于零，从而为全局预测法的可行性提供了严谨的数学基础[120]。

对于相空间状态向量式（3-3），根据给定的数据构造映射函数 F，使得未来状态 $X(t+1)$ 与现在状态 $X(t)$ 之间满足：

$$X(t+1)=F(X(t)) \tag{3-11}$$

其中，映射函数 F 的构造准则满足：

$$\sum_{t=0}^{N}[X(t+\eta)-F(X(t))]^2 \tag{3-12}$$

达到最小值。

在相空间重构过程中，如果维数较低，则一般可以直接采用高阶多项式进行全局拟合，而对于高维相空间来讲，其计算复杂度成倍增加，一般采用典型的自回归分析模型以减小其计算量：

$$x(t+1)=\sum_{i=1}^{d}a_i x(t+1-i)+k\varepsilon_t \tag{3-13}$$

式中，ε_t 为高斯随机变量，且服从标准正态分布 $N(0,1)$；k 为调整随机强度的常数因子，一般取 $k=\sqrt{E_d/(N-d)}$；a_i 可以通过时间序列本身求得。为了保证随机输入部分对系统的影响尽可能的小，则要求 a_i满足系统误差平方和最小。

对 a_i求偏导并令结果为零，则有

$$\sum_{i=1}^{d} a_i \left[\sum_{t=d}^{N} x(t-i)x(t-j) \right] = \sum_{t=d}^{N} x(t)x(t-j) \qquad (j=1,2,\cdots,d) \tag{3-14}$$

变形后为

$$\sum_{i=1}^{d} a_i C(i-j) = C(j) \qquad (j=1,2,\cdots,d) \tag{3-15}$$

式中，$C(i-j)$、$C(j)$ 为自相关函数，从而求得系数 a_i。

全局法预测的基本思想在于将相空间中的所有状态点尽可能地拟合成一个近似的数学模型，借此预测模型进行轨迹预测。当嵌入维数较高或者相轨迹很复杂时，全局法的计算显得比较复杂，而且随着嵌入维数的增加其预测精度也会急速下降，所以全局法适用于预测函数比较简单、干扰比较小的情况。

全局预测法需要拟和多维相空间，因此计算比较复杂，尤其是当嵌入维数很高或混沌系统比较复杂时。以上文所述方法为例，当嵌入维较低时，尚可使用多项式、有理式等形式表达混沌非线性系统，但当嵌入维较高时，混沌系统更加复杂，则很难用高阶多项式表达。因此，全局预测法一般适用于映射关系不很复杂，同时噪声干扰比较小的情况。在实际时间序列预测应用中，由于数据有限，且在时间序列中含有噪声，相空间轨迹非常复杂，一般很难有效表达混沌系统的映射关系，所以全局预测法不太适合实际应用。

3.3.2 神经网络预测

神经网络应用于混沌时间序列预测始于20世纪80年代，最早采用的前馈神经网络是多层感知机网络和径向基函数网络，其基本预测方法是在混沌时间序列的相空间重构中，利用神经网络逼近相点的演化规律。这类方法存在局部最小化、超参数选择、泛化能力的提高等问题。90年代，支持向量机及一些核方法被用于模式分类和回归问题。支持向量机具有前馈神经网络不可比拟的优点，在许多问题上都有取代常规前馈神经网络的趋势。同时，出现了一些基于动态神经网络的预测方法，动态神经网络是指在神经网络的内部包含了延迟和反馈环节。该类网络包括有限脉冲神经网络、多分支延迟递归神经网络及无多分支延迟存在于反馈神经元中的网络。

神经网络具有强大的非线性映射能力，非常适合混沌系统的预测和建模。Lapedes 和 Favber 等[121]首先提出了神经网络预测方法，利用尽可能多的观察数据训练预测模型，使得训练后的预测模型能够反映原有的动力学性质。目前，各种用于混沌预测的神经网络，如径向基函数网络[122,123]、支持向量机[124]、小波神经网络等技术[125]，纷纷出现在混沌序列的预测和建模中。其中，马军海等提出了一种新的小波神经网络预测方法，可以实现原序列的趋势和细节预测[125]。为了改变神经网络的静态特性，Han 使用回归神经网络来拟合混沌系统，实现了精确的多步预测[126]。但是，神经网络方法仍然存在一些问题，如隐含层所含的最佳节点数的确定，以及过拟合等问题，仍然需要进一步研究。

本书将在第 4 章和第 7 章详细探讨有关混沌神经网络预测和支持向量机预测的内容。

3.4　自适应预测方法

3.4.1　概述

在实际应用中，自适应算法能够根据输入信号自动调节自身的参数，以达到最佳输出的效果。因此，自适应预测算法成为混沌信号处理走向实用的重要组成部分。自适应算法并非独立于局域方法和全局方法，它只是一种实现方式，其基础仍然是局域方法和全局方法。自适应预测技术根据所用函数，同样可以分为线性方法和非线性方法。常用的线性方法包括经典的 FIR 和 IIR 滤波预测。但是，多数线性方法过于简单，不能有效跟踪混沌信号的变化，因此使用较少。非线性自适应方法主要包括自适应多项式滤波预测、自适应神经网络预测、自适应模糊预测等。目前，在自适应建模与预测技术的研究上，国外学者提出了一些新颖的方法，在预测实际混沌时间序列中有很好的效果。其中的代表是 Varadan 等提出的最小均方遗传算法建模预测方法[127]，该技术利用遗传算法良好的寻优能力，自适应地从多个非线性函数中选择最合适的函数，以及不同函数间的运算关系，来获得对混沌时间序列的最佳逼近。Xie Nan 等使用遗传算法与多径向基函数神经网络结合，成功构造出分段混沌系统的数学模型[128]。在国内，张家树和肖先赐设计出了自适应 Volterra 滤波预测算法[129]。该算法首先将输入信号扩展成 Volterra 系数矩阵，然后对每一个系数赋予一个权值，构成一个线性 FIR 滤波器。张家树和肖先赐最初设计的 Volterra 滤波器为二阶滤波器，适用于低维混沌时间序列的预测，并且比神经网络的预测精度高。为了减少计算的复杂程度，张家树等又改进了原算法，用两个线性 FIR 滤波器的乘积耦合来代替原滤波器，以减小滤波器长度[130]。为了实现对高维超混沌信号的预测，张家树又提出了使用高阶

Volterra 滤波器的预测方式。该算法结合混沌信号高阶统计量的特性，用其时间切片来近似高阶累积量，以达到减少滤波器系数的目的[131]。甘建超提出了一种基于相空间邻域的自适应预测算法，将时间域变换到高维重构矢量空间[132,133]，该方法对低维混沌信号的预测具有很高的精度。彭继兵等设计了一种新的基于变维分形理论的卡尔曼滤波器，实现了自适应跟踪与预测[134]。近年，闫华等提出了一种基于 Bernstein 多项式的自适应预测算法[135]，将其与递推最小二乘算法相结合，自适应地逼近混沌时间序列，该算法收敛速度快，很适合用于对短混沌时间序列的实时预测。但是，自适应算法仍然存在一些问题。首先，基函数的选择是人为的，因此使用范围有限。其次，经典的优化算法对于混沌信号并非是最佳的，需要进一步改进。下面介绍经典 Volterra 自适应滤波器预测模型。

3.4.2 Volterra 自适应滤波器预测模型

混沌时间序列预测的实质是一个动力系统的逆问题，即通过动力系统的状态来重构系统的动力学模型 $F(\cdot)$，即

$$F(X(n))=x(n+T) \qquad (T>0) \tag{3-16}$$

式中，T 为前向预测步长。

构造一个非线性函数 $f(\cdot)$ 去逼近 $F(\cdot)$ 的方法有很多，采用 Volterra 级数展开式构造混沌时间序列的非线性预测模型 $F(\cdot)$。

设非线性离散动力系统的输入为 $X(n)=[x(n), x(n-\tau), \cdots, x(n-(m-1)\tau)]^{\mathrm{T}}$，输出为 $y(n)=x(n+1)$，则该非线性系统函数 Volterra 级数展开式为

$$x(n+1)=h_0+\sum_{k=1}^{p} y_k(n) \tag{3-17}$$

其中：

$$y_k(n)=\sum_{i_1, i_2, \cdots, i_k=0}^{m-1} h_k(i_1, i_2, \cdots, i_k)\prod_{j=1}^{k} x(n-i_j\tau) \tag{3-18}$$

式中，$h_k(i_1, i_2, \cdots, i_k)$ 为 k 阶 Volterra 核，p 为 Volterra 滤波器阶数。

在实际应用中，这种无穷级数展开式难以实现，必须采用有限阶截断和有限次求和的形式。为表述方便，以二阶截断 m 次求和为例，则用于混沌时间序列预测的 Volterra 预测模型为

$$x(n+1)=h_0+\sum_{m_1=0}^{N_1-1} h_1(m_1)x(n-m_1\tau)+\sum_{m_1=0}^{N_1-1}\sum_{m_2=0}^{N_2-1} h_k(m_1, m_2)x(n-m_1\tau)x(n-m_2\tau) \tag{3-19}$$

由 Takens 嵌入定理可知：一个混沌时间序列要完全描述原动力系统的动态行为，至少需要 $m \geqslant 2D+1$（D 为动力系统的维数）个变量。取 $N_1 = N_2 = m$，因此，用于交通流混沌时间序列预测的 Volterra 预测模型为

$$x(n+1) = h_0 + \sum_{i_1=0}^{m-1} h_1(i_1)x(n-i_1\tau) + \sum_{i_1=0}^{m-1}\sum_{i_2=0}^{m-1} h_k(i_1, i_2)x(n-i_1\tau)x(n-i_2\tau) \tag{3-20}$$

展开式（3-20），Volterra 滤波器即是非线性自适应 FIR 滤波器。令

$$W(n)=[h_0, h_1(0), h_1(1), \cdots, h_1(m-1), h_2(0,0), h_2(0,1), \cdots, h_1(m-1,m-1)]^{\mathrm{T}} \tag{3-21}$$

$$Z(n)=[1, x(n), x(n-\tau), \cdots, x(n-(m-1)\tau), x^2(n), x(n)x(n-\tau), \cdots, x^2(n-(m-1)\tau)]^{\mathrm{T}} \tag{3-22}$$

式中，$W(n)$ 和 $Z(n)$ 分别表示 FIR 滤波器的滤波系数矢量和输入信号矢量。

因此，式（3-20）可表示为

$$x(n+1) = Z^{\mathrm{T}}(n)W(n) \tag{3-23}$$

对于式（3-23）描述的 Volterra 自适应滤波器，一般可采用归一化最小均方（normalized least mean square，NLMS）自适应算法求解。NLMS 算法可描述如下[14]：

$$e(n) = x(n+1) - Z^{\mathrm{T}}(n)W(n) \tag{3-24}$$

$$W(n+1) = W(n) + \frac{\mu}{Z^{\mathrm{T}}(n)Z(n)}e(n)Z(n) \qquad (0<\mu<2) \tag{3-25}$$

式中，μ 为收敛步长。

【附】Volterra 自适应滤波器预测算法 MATLAB 源程序

```
clc
clear
close all
% ------------------------------------------------
% 公共参数
k1 =6000;                   % 前面的迭代点数
k2 =2000;                   % 后面的迭代点数(总样本数)
% ------------------------------------------------
```

```
% 产生混沌序列
sigma=10;                   % Lorenz 方程参数 a
b=8/3;                      %                 b
r=34;                       %                 c
y=[-1,0,1];                 % 起始点(1×3 的行向量)
h=0.01;                     % 积分时间步长
z=LorenzData(y,h,k1+k2,sigma,r,b);
X=z(k1+1:end,1);
% --------------------------------------------------
X=normalize_a(X,1);   % 信号归一化到均值为 0,振幅为 1
tau=10;               % 时延
m=3;                  % 嵌入维数
p=3;                  % Volterra 阶数
% --------------------------------------------------
train_num=500         % 训练样本数
test_num=1500         % 测试样本数
% --------------------------------------------------
% 混沌序列的相空间重构(phase space reconstruction)
x_train=X(1:train_num);
x_test=  X(train_num+1:train_num+test_num);
[xn_train,dn_train]=PhaSpaRecon(x_train,tau,m);
[xn_test,dn_test]=PhaSpaRecon(x_test,tau,m);
% ------------------------------------------------------
% 训练与预测
% 训练算法求权矢量
[Wn,err_mse1]=volterra_train(xn_train,dn_train,p);
err_mse1_std=err_mse1/var(X)
% 测试样本的一步预测
dn_pred=volterra_test(xn_test,p,Wn);
err2=dn_test-dn_pred;
err_mse2=sum(err2.^2)/length(err2);
err_mse2_std=  err_mse2/var(X)
% ---------------------------------------------------
% 结果作图
figure;
subplot(211);
plot(1:length(err2),dn_test,'r+:',1:length(err2),dn_pred,'bo-');
```

```
title('真实值(+)与预测值(o)')
subplot(212);
plot(err2,'k');
title('预测绝对误差')
```

3.5　模型检验及应用实证分析

3.5.1　模型检验

应用上述预测方法中的最大 Lyapunov 预测方法、加权一阶局域法预测方法、Volterra 自适应滤波器预测方法 3 种混沌时间序列预测方法对 3 种典型的非线性系统（Logistic、Henon、Lorenz）进行预测比较研究。3 种典型非线性系统的表达式、参数和积分时间步长如表 3-1 所示。

表 3-1　3 种典型非线性系统及其相对预测误差

典型非线性系统	表达式	参数	积分时间步长/s
Logistic	$x_{i+1}=\mu x_i(1-x_i)$	$\mu=4.0$	1
Henon	$\begin{cases} x_{i+1}=1-ax_i^2+y_i \\ y_{i+1}=bx_i \end{cases}$	$a=1.4$ $b=0.3$	1
Lorenz	$\begin{cases} \dot{x}=\sigma(y-x) \\ \dot{y}=(r-z)\cdot x-y \\ \dot{z}=xy-bz \end{cases}$	$\sigma=16$ $r=45.92$ $b=4$	0.01

实验中 Logistic 和 Henon 映射按设定初始值直接迭代，Lorenz 映射用四阶 Runge-Kutta 算法积分，时间序列取 x 分量。实验中的时间序列在去除前面 2000 点过渡点以后，均取后 3000 点数据作为实验数据。实验中的混沌时间序列数据按式（3-26）处理成均值为 0、振幅为 1 的归一化时间序列，并对归一化时间序列进行相空间重构。

$$x(i)=\frac{y(i)-\dfrac{1}{N}\sum_{k=1}^{N}y(k)}{\max(y(i))-\min(y(i))} \tag{3-26}$$

式中，$\{y(i)\}$ 为原时间序列，$\{x(i)\}$ 为归一化的时间序列。

仿真实验中的真实值和预测值分别为 $x(n)$ 和 $x_p(n)$，则实验以绝对误差 $e(n)=x(n)-x_p(n)$、平均绝对误差 MAE 和相对误差 Perr 作为预测精度的评测标准，MAE 和 Perr 分别定义为

$$\mathrm{MAE} = \frac{1}{N_p}\sum_{n=1}^{N_p} |x(n) - x_p(n)| \tag{3-27}$$

$$\mathrm{Perr} = \frac{\sum_{n=1}^{N_p} (x(n) - x_p(n))^2}{\sum_{n=1}^{N_p} x^2(n)} \tag{3-28}$$

实验选取给定时间序列前 500～2000 个已知样本作为模型的训练样本，其后的样本为需要预测的未知样本，称为预测样本。实验采用多步预测方法，即预测过程只有作为已知样本的训练样本参与。实验得到了一系列的结果，限于篇幅，在此仅仅给出了具有代表性的部分结果。图 3-1 给出了训练样本为 1500、预测样本为 30 时的 3 种预测模型的 Logistic 映射预测结果。表 3-2 给出了 3 种典型非线性系统部分不同数量训练样本时的平均绝对误差 MAE 和相对误差 Perr。

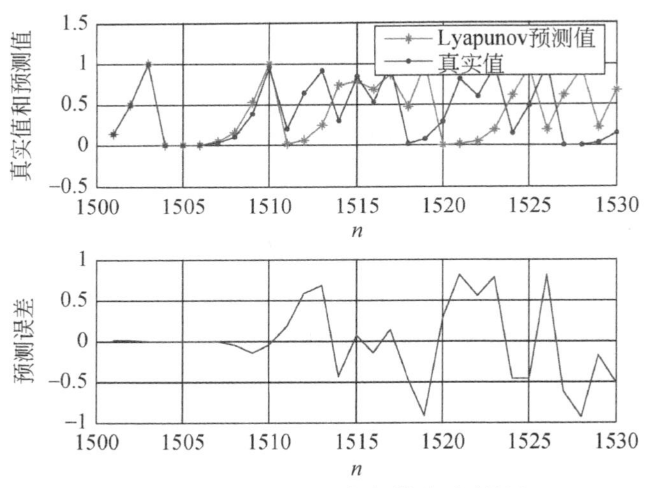

(a)最大Lyapunov指数模型预测结果

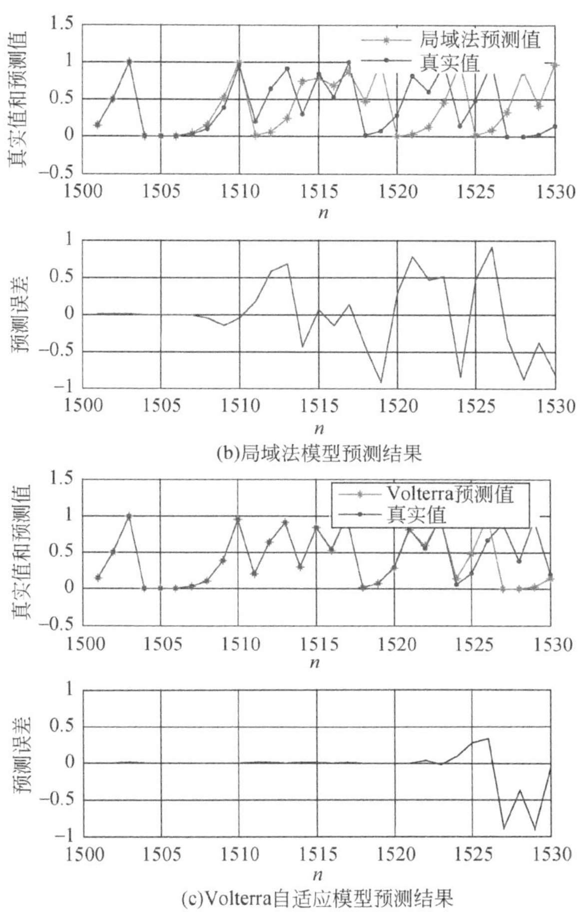

(b)局域法模型预测结果

(c)Volterra自适应模型预测结果

图 3-1　Logistic 混沌时间序列预测结果

表 3-2　3 种典型混沌时间序列不同数量训练样本的预测误差

系统		Logistic				Henon				Lorenz			
训练样本		2000	1500	1000	500	2000	1500	1000	500	2000	1500	1000	500
预测样本		30	30	30	30	30	30	30	30	30	30	30	30
MAE	Lyapunov 模型	0.3485	0.3421	0.3937	0.2844	0.5186	0.4360	0.7363	0.7112	0.6536	0.7751	4.1828	2.3317
	局域法模型	0.2960	0.3506	0.3666	0.3189	0.2969	0.4175	0.6647	0.6992	1.0533	1.0145	4.1474	3.0010
	Volterra 模型	0.0109	0.1008	0.1668	0.2899	0.6784	0.6845	0.7105	0.5080	0.4196	0.5805	0.3022	1.5093
Perr	Lyapunov 模型	0.6152	0.7122	0.4945	0.7177	1.0213	0.7004	1.8696	1.7464	0.0019	0.0052	0.1857	0.0382
	局域法模型	0.4617	0.7503	0.4227	0.6150	0.3656	0.5539	1.4151	1.6586	0.0065	0.0104	0.2181	0.0753
	Volterra 模型	0.0030	0.2175	0.1958	0.7023	1.5119	1.3660	1.5548	1.0461	0.0016	0.0019	6.54×10^{-4}	0.0193

通过对上述仿真实验结果进行分析，可以得出以下基本结论。

1）3 种预测模型对典型混沌时间序列都有很好的预测精度，均有预测值和实测值完全相等的预测点存在，但这样的预测点并不像某些文献给出的那样多，这是因为这些文献将预测模型的拟合精度等同于预测精度。

2）不同的混沌时间序列，3 种预测模型的预测效果不同，在本例中，Lorenz 映射的预测精度最高，Henon 映射的预测精度最低，同一混沌时间序列，3 种预测模型的预测精度不同，但差别并不很大。

3）混沌时间序列的预测（训练）样本数量不同，预测模型预测效果不同。这说明，即使对同一时间序列，一种预测模型也不会在各种情况下都比其他模型表现得更好。

4）总体上看，复杂模型（Volterra 模型）比简单模型（Lyapunov 指数模型和局域法模型）的预测效果要好，这是因为与简单模型相比，复杂模型能够提供更多的有关影响预测对象变化因素的信息，能够更好地解释预测对象变化的原因。但这并不表示复杂模型的预测精度一定高于简单模型，如 Henon 混沌时间序列预测时，Volterra 模型的预测精度是最低的。

总之，3 种预测模型对典型混沌时间序列具有很好的预测效果，但预测精度有较大差距，3 种预测模型预测时均有预测值和实际值完全相等的预测点存在，但这样的点不可能有几十、几百点那么多，由于典型混沌时间序列是由模型得出，很容易再由时间序列数据拟合出数据模型，因此 3 种预测模型预测精度较高，若将其应用于交通流、电力负荷等实际系统的预测，其预测精度将会更低。

3.5.2 实测交通流时间序列的实证分析

实验中的短时交通流量数据来自北京四环路交通流量检测器数据，每 5min 记录一次数据，共产生 1302 个数据。采用最大 Lyapunov 指数的改进算法，计算得到该交通流时间序列的延迟时间 τ 为 2，嵌入维数 m 为 5，最大 Lyapunov 指数为 0.0143，说明该交通流时间序列为混沌时间序列。

用最大 Lyapunov 预测方法、加权一阶局域法预测方法、Volterra 自适应滤波器预测方法 3 种预测模型对交通流时间序列进行预测研究，预测取不同数量的训练样本和预测样本。图 3-2 给出了该交通流实测序列训练样本为 1200、预测样本为 10 时的 3 种模型的预测结果。表 3-3 给出了不同数量训练样本条件下 10 个预测样本时 3 种模型的预测误差。

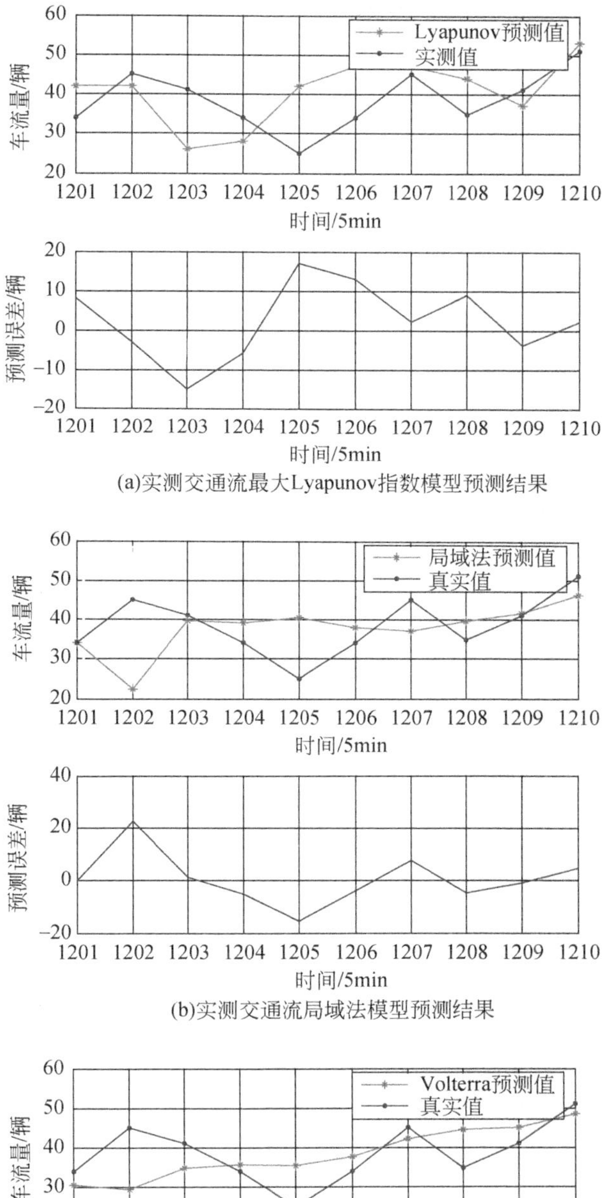

(a)实测交通流最大Lyapunov指数模型预测结果

(b)实测交通流局域法模型预测结果

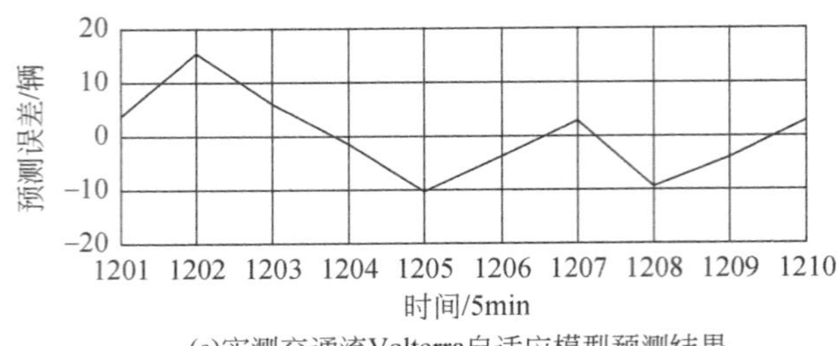

(c)实测交通流Volterra自适应模型预测结果

图 3-2 实测交通流混沌时间序列预测结果

表 3-3 不同数量训练样本下交通流预测相对均方误差

训练样本长度		1290	1200	1100	1000	900	800	700	600	500	400
预测样本长度		10	10	10	10	10	10	10	10	10	10
MAE	Lyapunov 模型	31.8412	9.3851	22.3028	53.3781	9.5033	50.2847	84.0109	15.8100	79.7037	37.6077
	局域法模型	68.2120	6.4084	18.5571	40.0447	9.4178	48.1102	25.9605	9.0116	59.6578	38.3998
	Volterra 模型	73.7963	5.9829	32.9178	50.5311	14.2251	37.7208	28.2245	15.1278	61.1975	23.5215
Perr	Lyapunov 模型	0.0128	0.0729	0.0137	0.0326	0.0981	0.0481	0.0567	0.1199	0.0330	0.0084
	局域法模型	0.0365	0.0365	0.0087	0.0172	0.0959	0.0377	0.0077	0.0449	0.0185	0.0100
	Volterra 模型	0.0437	0.0321	0.0210	0.0301	0.2032	0.0241	0.0075	0.1117	0.0205	0.0056

对比实测交通流预测实验结果，可以得出以下基本结论。

1）从预测结果上看，3 种模型都能较好地反映交通流量变化的趋势和规律，预测精度可以满足城市交通控制和诱导的需要。但实测交通流比典型混沌时间序列的预测效果要差，极少有预测值和实测值完全相等的预测点。这主要是因为典型混沌时间序列是由模型得出，很容易再由时间序列拟合出数据模型，而实测交通流序列的随机性决定了它很难用模型拟合和预测。

2）3 种预测模型对实测交通流的预测效果不同。在相同训练样本条件下，即便是复杂的 Volterra 模型也不能始终保持很高的预测精度，有时 Lyapunov 指数模型和局域法模型的预测精度要远远高于 Volterra 模型。

3）当训练样本为 500 和 400 时，预测模型有时也会出现预测值和实测值偏差较大的情况，3 种预测模型中预测效果最稳定的是局域法模型。

4）对不同的预测（训练）样本，同一种预测模型预测效果不同。当预测（训练）样本从 1290 降到 600 时，计算可知 3 种模型的平均 Perr 分别为 0.056 85、0.035 64、0.034 91、0.059 18（剔除 900 点 Volterra 模型的平均 Perr 为

0.0386)。故从总体上看，Lyapunov 指数模型预测误差较大，其他预测模型的平均预测效果相近。

5）虽然达不到很高的预测精度，但 3 种预测模型都可以满足短时交通流的实时预测。由于交通流的复杂性、非线性及不确定性，因此将各种预测模型组合或与人工智能技术等方法结合，构建合理的组合预测推理机制，建立短时交通流的智能预测支持系统，是提高预测效果的一个发展方向。

针对交通诱导与控制对实时性的高要求，在对交通流数据进行相空间重构的基础上，应用 3 种基本预测模型对实测交通流的预测。结果表明，3 种预测模型对短时交通流的预测效果比对典型混沌系统的预测效果要差很多，但可以满足短时交通流的实时预测，为进一步提高模型预测精度，可考虑模型的组合预测。

第 4 章　混沌时间序列的神经网络预测方法

人工神经网络（ANN）简称神经网络，是以计算机网络系统模拟生物神经网络的智能计算机系统，是对人脑的简单抽象模拟，是人工智能的一种方法。网络上的每个节点相当于一个神经元，可以记忆一定的信息，并与其他节点并行工作。它主要借鉴了人脑神经系统处理信息的过程，以数学网络拓扑为理论基础，以大规模并行性、高度的容错能力以及自适应、自学习、自组织等功能为特征，集信息加工与存储一体化，具有广泛的应用前景。

4.1　神经网络概述

4.1.1　神经网络的发展状况

人工神经网络[136-138]是由大量的简单处理单元所构成的非线性动力系统，它具有巨量并行性、存储分布性、结构可变性、高度非线性、自学习性和自组织等特点，因此，它能够解决常规信息处理方法难以解决或无法解决的问题。

人工神经网络的研究可追溯到 20 世纪 40 年代信息科学的开创时期。1943 年，McCulloch 和 Pitts 提出了神经元的形式化模型，神经元可用简单的阈值函数表示并完成逻辑函数功能。1949 年，D. Hebb 认为信息能存储在神经元的连接上，提出了更新神经元连接的学习规则，被称为学习规则 Hebb。1958 年，F. Rosenblatt 提出了感知器，通过修改连接的权值，它能学习分类一定的模式。因感知器的概念简单，B. Widrow 和 M. Hoff 提出了自适应神经网络，Adaline 采用最小均方算法调节权值，使输出与期望输出的差最小。70 年代，Grossberg 与 Gail Garpenter 提出自组织映射理论，Kohonen 发展了自组织映射。1982 年，J. Hopfield 提出了 Hopfield 神经网络，掀起了神经网络研究的一个热潮，Rumelhert 和他的同事出版了著名的并行分布处理专著，建立了 BP 算法和前向网络。90 年代，学者们又提出了小波神经网络[139]、分形神经网络[140]、混沌神经网络[141]等。

神经网络的研究内容可分为两大方面：一方面是理论研究；另一方面是应用

研究。理论研究包括利用神经生理与认知科学研究人类思维及智能机理，利用神经基础理论的研究成果，用数理方法探索功能更加完善、性能更加优越的神经网络模型，深入研究网络算法的性能等。应用研究包括神经网络的软件模拟和硬件模拟实现的研究以及神经网络在各个领域中的应用研究。

神经网络由于具有对非线性现象的强有力的刻画与建模能力，目前神经网络作为非线性函数逼近模型得到广泛应用。最常用的函数逼近神经网络是 BP 神经网络和 RBF 神经网络。

4.1.2　神经网络的特点

人工神经网络的特点和优越性使它近年来引起人们的极大关注，主要表现在以下几个方面。

(1) 数据驱动的自适应技术

人工神经网络与传统的参数模型方法最大的区别是数据驱动的自适应技术，不需要对问题的模型做出任何先验假设，在解决问题的内部规律未知或难以描述的情况下，神经网络可以通过对样本数据的学习训练，获取数据之间的隐藏关系，是一种多变量输入的非线性、非参数的统计方法[142]。因而，神经网络方法特别适用于解决一些利用现存理论难以解释，但却拥有足够多相关数据的问题，为解决预测问题提供了一种实际可行的方法。

(2) 具备泛化能力

泛化能力指经过神经网络训练过的学习模型可以对未来出现的样本做出正确反应的能力。利用神经网络进行预测是基于一个重要的假设，即历史数据与未来数据的内在规律是一致的，因此可以通过样本内的已有数据来预测样本外的未来数据。

(3) 具有普遍适用性

在处理同一个问题时，神经网络的内部函数形式比传统的统计方法更灵活有效。许多学者在研究中提出神经网络可以以任意精度逼近任何连续函数，而传统预测模型往往存在各种限制，不能对复杂的系统内部变量之间的函数进行有效的估计。

(4) 具有非线性

神经网络中的每个神经元都可以接受大量其他神经元的输入，而且每个神经元的输入输出之间都是非线性关系，可以实现输入到输出的非线性映射。因而，人工神经网络可以处理环境信息相当复杂的问题。

4.1.3 神经网络的内容

人工神经网络模型主要考虑网络连接的拓扑结构、神经元的特征、学习规则等。目前，已有近40种神经网络模型，其中有反传网络、感知器、自组织映射、Hopfield网络、波耳兹曼机、适应谐振理论等。根据连接的拓扑结构，神经网络模型可以分为两类。

（1）前向网络

网络中各个神经元接受前一级的输入，并输出到下一级，网络中没有反馈，可以用一个有向无环路图表示。这种网络实现信号从输入空间到输出空间的变换，它的信息处理能力来自于简单非线性函数的多次复合。网络结构简单，易于实现。反传网络是一种典型的前向网络。

（2）反馈网络

网络内神经元间有反馈，可以用一个无向的完备图表示。这种神经网络的信息处理是状态的变换，可以用动力学系统理论处理。系统的稳定性与联想记忆功能有密切关系。Hopfield网络、波耳兹曼机均属于这种类型。

学习是神经网络研究的一个重要内容，它的适应性是通过学习实现的。根据环境的变化，对权值进行调整，改善系统的行为。由Hebb提出的Hebb学习规则为神经网络的学习算法奠定了基础。Hebb规则认为学习过程最终发生在神经元之间的突触部位，突触的联系强度随着突触前后神经元的活动而变化。在此基础上，人们提出了各种学习规则和算法，以适应不同网络模型的需要。有效的学习算法，使得神经网络能够通过连接权值的调整，构造客观世界的内在表示，形成具有特色的信息处理方法，信息存储和处理体现在网络的连接中。

根据学习环境不同，神经网络的学习方式可分为监督学习和非监督学习。在监督学习中，将训练样本的数据加到网络输入端，同时将相应的期望输出与网络输出相比较，得到误差信号，以此控制权值连接强度的调整，经多次训练后收敛到一个确定的权值。当样本情况发生变化时，经学习可以修改权值以适应新的环境。使用监督学习的神经网络模型有反传网络、感知器等。非监督学习时，事先不给定标准样本，直接将网络置于环境中，学习阶段与工作阶段成为一体。此时，学习规律的变化服从连接权值的演变方程。非监督学习最简单的例子是

Hebb 学习规则。竞争学习规则是一个更复杂的非监督学习的例子，它是根据已建立的聚类进行权值调整。自组织映射、适应谐振理论网络等都是与竞争学习有关的典型模型。

4.2　BP 神经网络预测模型

4.2.1　BP 神经网络概述

训练多层神经网络最常用的算法是 BP（back-propagation，反向传播）算法，它是由 Rumelhart 等科学家于 20 世纪 80 年代提出的。BP 神经网络的拓扑结构主要分为输入层、隐含层和输出层，输入层到隐含层、隐含层到输出层的各学习单元之间均有连接，各学习单元之间的连接关系由相对应的权值确定。隐含层和输出层的每个学习单元都具有对应上一层输入数据的活化函数，其作用是对上一层的数据进行加权和，并产生该学习单元的输出。BP 神经网络属于有导师学习类，它的学习过程分为两部分，一是正向传播学习，目的是通过学习使网络产生实际输出，二是当实际输出值与理想输出值存在较大误差时，进入下一步反向传播学习，目的是通过反向传播调整各层之间的参数，以达到减少误差的目的。

BP 神经网络是一种按误差逆传播算法训练的多层前馈网络，是人工神经网络中最为重要的网络之一，也是迄今为止，应用最为广泛的网络算法。实践证明，这种基于误差反传递算法的 BP 神经网络有很强的映射能力，可以解决许多实际问题。

在 BP 学习算法中，训练开始时，随机输入一系列权重值，在前向传播过程中，每一组输入向量接受输入信号并将信号传递到隐含层，隐含层计算输出值并传到输出层。BP 神经网络不仅有输入层节点和输出层节点，而且有隐含层节点。对于输入的信号，要先向前传播到隐含层节点，经过作用函数后，再把隐含层节点的输出信息传播到输出节点，最后给出输出的结果。

BP 神经网络算法主要有以下几个步骤[143]。

1）对全部连接的权重进行初始化，一般设置成较小的随机数，以保证网络不会过早进入饱和状态。

2）取一个模式输入网络，计算出网络的输出值。

3）计算该输出值与期望输出值的误差，然后反向传播调整权重。

4）对训练集的每个模式都重复上面两个步骤，直到整个训练误差达到能令人满意的程度为止。

4.2.2 BP 神经网络学习算法

(1) BP 算法的数学描述

1986 年 Rumelhart、Hinton 和 Williams 完整而简明地提出一种 ANN 的误差反向传播训练算法（简称 BP 算法），系统地解决了多层网络中隐含单元连接权的学习问题，由此算法构成的网络我们称为 BP 神经网络。BP 神经网络是前向反馈网络的一种，也是当前应用最为广泛的一种网络。

误差反传算法的主要思想是把学习过程分为两个阶段：第一阶段（正向传播过程），给出输入信息通过输入层经隐含层处理并计算每个单元的实际输出值，第二阶段（反向传播过程），若在输出层未能得到期望的输出值，则逐层递归地计算实际输出与期望输出的差值（即误差），以便根据此差值调节权值，具体来说，就是可对每一权重计算出接收单元的误差值与发送单元的激活值的积。

基于 BP 算法的多层前馈型网络的结构如图 4-1 所示。

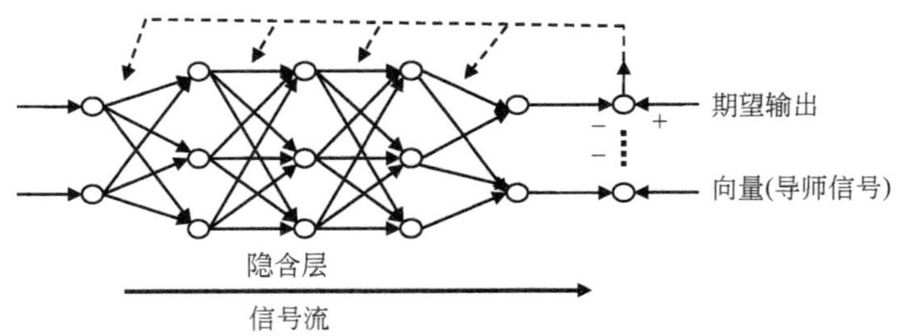

图 4-1 基于 BP 算法的多层前馈型网络的结构

这种网络不仅有输入层节点和输出层节点，而且有一层或多层隐含节点。对于输入信息，首先向前传播到隐含层的节点上，经过各单元的激活函数（又称作用函数、转换函数）运算后，把隐含节点的输出信息传播到输出节点，最后给出输出结果。网络的学习过程由正向传播和反向传播两部分组成。在正向传播过程中，每一层的神经元的状态只影响下一层神经元网络。如果输出层不能得到期望输出，就是实际输出值与期望输出值之间有误差，那么转向反向传播过程，将误差信号沿原来的连接通路返回，通过修改各层神经元的权值，逐次地向输入层传播并进行计算，再经过正向传播过程，这两个过程的反复运用，使得误差信号最小。实际上，误差达到人们所希望的要求时，网络的学习过程就结束。

BP 算法是在导师指导下，适合于多层神经元网络的一种学习，它是建立在梯度下降法的基础之上。理论证明，含有一个隐含层的 BP 神经网络可以实现以任意精度近似任何连续非线性函数[144]。

设含有共 L 层和 n 个节点的一个任意网络，每层单元只接受前一层的输出信息并输出给下一层各单元，各节点（有时称为单元）的特性为 Sigmoid 型（它是连续可微的，不同于感知器中的线性阈值函数，因为它是不连续的）。为简单起见，认为网络只有一个输出 y。设给定 N 个样本 (x_k, y_k) $(k=1, 2, \cdots, N)$，任一节点 i 的输出为 o_i，对某一个输入为 x_k，网络的输出为 y_k，节点 i 的输出为 o_{ik}，现在研究第 l 层的第 j 个单元，当输入第 k 个样本时，节点 j 的输入为

$$\text{net}_{ij}^{l} = \sum_{j} w_{ij}^{l} o_{jk}^{l-1} \tag{4-1}$$

$$o_{jk}^{l} = f(\text{net}_{jk}^{l}) \tag{4-2}$$

式中，o_{jk}^{l-1}表示 $l-1$ 层，输入第 k 个样本时，第 j 个单元节点的输出；w_{ij}^{l}为第 l 层节点 i 和 j 的连接权值。

采用的误差函数为

$$E_k = \frac{1}{2}\sum_{l}(y_{lk} - \bar{y}_{lk})^2 \tag{4-3}$$

式中，$\bar{y}_{lk}$为单元 j 的实际输出。总误差为

$$E = \frac{1}{2N}\sum_{k=1}^{N} E_k \tag{4-4}$$

定义 $\delta_{jk}^{l} = \dfrac{\partial E_k}{\partial \text{net}_{jk}^{l}}$，于是

$$\frac{\partial E_k}{\partial w_{ij}^{l}} = \frac{\partial E_k}{\partial \text{net}_{jk}^{l}} \frac{\partial \text{net}_{jk}^{l}}{\partial w_{ij}^{l}} = \frac{\partial E_k}{\partial \text{net}_{jk}^{l}} o_{jk}^{l-1} = \delta_{jk}^{l} o_{jk}^{l-1} \tag{4-5}$$

下面分两种情况来讨论。

1）若节点 j 为输出单元，则 $o_{jk}^{l} = \bar{y}_{jk}$

$$\delta_{jk}^{l} = \frac{\partial E_k}{\partial \text{net}_{jk}^{l}} = \frac{\partial E_k}{\partial \bar{y}_{jk}} \frac{\partial \bar{y}_{jk}}{\partial \text{net}_{jk}^{l}} = -(y_k - \bar{y}_k) f'(\text{net}_{jk}^{l}) \tag{4-6}$$

2）若节点 j 不是输出单元，则

$$\delta_{jk}^{l} = \frac{\partial E_k}{\partial \text{net}_{jk}^{l}} = \frac{\partial E_k}{\partial \bar{y}_{jk}} \frac{\partial o_{jk}^{l}}{\partial \text{net}_{jk}^{l}} = \frac{\partial E_k}{\partial o_{jk}^{l}} f'(\text{net}_{jk}^{l}) \tag{4-7}$$

式中，o_{jk}^{l}是送到下一层 $l+1$ 层的输入，计算$\dfrac{\partial E_k}{\partial o_{jk}^{l}}$要从 $l+1$ 层算回来。

在 $l+1$ 层第 m 个单元时

$$\frac{\partial E_k}{\partial o_{jk}^{l}} = \sum_{m} \frac{\partial E_k}{\partial \text{net}_{mk}^{l=1}} \frac{\partial \text{net}_{mk}^{l+1}}{\partial o_{jk}^{l}} = \sum_{m} \frac{\partial E_k}{\partial \text{net}_{mk}^{l+1}} w_{mj}^{l+1} = \sum_{m} \delta_{mk}^{l+1} w_{mj}^{l+1} \tag{4-8}$$

将式（4-8）代入式（4-7）中，则得

$$\delta_{jk}^{l} = \sum_{m} \partial_{mk}^{l+1} w_{mj}^{l+1} f'(\text{net}_{jk}^{l}) \tag{4-9}$$

总结上述结果，有

$$\begin{cases} \delta_{jk}^{l} = \sum_{m} \delta_{mk}^{l+1} w_{mj}^{l+1} f'(\text{net}_{jk}^{l}) \\ \dfrac{\partial E_k}{\partial w_{ij}^{l}} = \delta_{jk}^{l} o_{jk}^{l-1} \end{cases} \tag{4-10}$$

因此，反向传播算法的步骤可概括如下。

1）选定权系数初值。

2）重复下述过程，直到误差指标满足精度要求 $\varepsilon(\varepsilon>0)$，即

$$E = \frac{1}{2N}\sum_{k=1}^{N} E_k < \varepsilon,\ \varepsilon$$

对 $k=1$ 到 N：

正向过程：计算每层单元的 o_{jk}^{l-1}、net_{jk}^{l}和 $\bar{y}_k$（$k=2, 3, \cdots, N$）。

反向过程：对各层（$1=L-1$ 到 2），对每层各单元，计算 δ_{jk}^{l}。

修正权值：

$$w_{ij} = w_{ij} - \eta \frac{\partial E}{\partial w_{ij}},\ \eta>0 \tag{4-11}$$

3）结束。

这里，训练样本的呈现顺序从一个回合到另一个回合必须是随机的。动量和学习率参数随着训练迭代次数的增加而调整（通常是减少的）。

（2）对 BP 学习算法的改进

通过大量数据实验可以发现，BP 学习算法在大多数情况下可以获得令人满意的结果，但是也暴露了不少问题，如对网络训练时，不能使网络迅速收敛到全局最小，大量的信息反而容易导致网络学习效率低等。针对 BP 神经网络容易陷入局部最小的问题，相关学者通过分析和研究发现原因有二：①从结构上讲，BP 神经网络面对的样本输入和输出具有非线性关系，这种复杂的关系容易导致网络的误差函数面临错综复杂的多极点非线性空间，全局最小难以确定；②从算法上看，BP 神经网络以追求网络误差最小为目标，这种机制容易使网络陷入局部，没有全局观。因此，为了解决 BP 神经网络容易陷入局部最小的问题必须从摆脱局部出发，使得 BP 神经网络既能下坡又可以爬坡[145,146]。目前，较为常见的 BP 学习算法的改进思路是改变学习率（η）。

η 的值在一定程度上影响了 BP 算法的有效性和收敛性。没有对任何问题都

适用的 η 值，每个具体问题都有适应自己的 η 值。近年来，关于如何改进 η 和网络的效率，相关学者提出了不同的方法，比较流行的是自适应学习速率和学习速率渐小法。

1）自适应学习速率[147]：1989 年 R. Salomon 发表了用一种简单的进化策略来调节学习速率的文章。其主要内容是：在网络学习收敛时，以增大 η 的方式缩短网络学习时间；而当网络陷入全局误差不能收敛时，以减小 η 的方式减小学习步伐，直到网络再次收敛为止。

2）学习速率渐小法：Darken Christian 和 Moody John 鉴于网络在学习逼近极值点时，较小的学习速率有助于收敛，于是共同提出在训练期间渐渐减小学习速率的方法来改变每个训练模式以达到更新 BP 神经网络的目的，并给出学习速率变化规则：

$$\eta(n)=\frac{\eta(0)}{1+n/r} \tag{4-12}$$

式中，常值参数 r 用于调整学习速率（进度表）；n 为学习次数。

通过在学习期内调整网络的学习速率以达到吸取大值和小值优点的目的，但是可惜的是如何选择 r 值尚没有达成共识的方法。

（3）BP 神经网络的泛化能力

学习是通过训练样本发现样本数据内部所蕴含的规律，而不仅仅是简单的记忆。学习是神经网络的核心，没有学习能力的 BP 神经网络没有任何意义。测度 BP 神经网络学习能力的是泛化（generalization）能力，它是指经训练（train）后的网络对同一样本空间中非训练样本仍能给出正确的输入输出关系的能力[148]。“过度拟合”（overfitting）的 BP 神经网络虽然会对训练样本达到较优的拟合，但对于新的输入样本却会产生与目标输出矢量差别较大的输出。这恰恰与我们进行网络训练的目的相违背，不能对新样本进行预测的网络没有意义。鉴于此，国内外学者对如何提高网络的泛化能力进行研究，并取得了一系列成就[149,150]。

4.2.3 BP 神经网络中隐含层的神经元数确定方法

目前，对于一个整体结构已经确定的神经网络来说，如何选取最优的隐含层神经元数还没有一个完善的理论指导。隐含层节点数的选择对网络性能影响很大，若节点数太少，网络获取的有用信息就少，容错性差，若节点数过多，不仅增加训练时间，而且会将样本中非规律性的内容存储进去，还可能会出现“过度拟合”问题，网络的泛化能力下降。因此，为解决以上问题，国内外众多学者提出了多种确定隐含层单元数的方法。本书将常用的 BP 神经网络中隐含层的神经元数确定方法总结如下。

设 m 为隐含层节点数、n 为输入层节点数、l 为输出层节点数，则：1）$m=\frac{n+l}{2}$。2）最佳隐含层节点数为输入层节点数、输出层节点数之积开平方，即 $m=\sqrt{nl}$。3）$m=\left[\frac{n+1}{2},\ (n-1)\right]$。4）取输入层的对数，即 $m=\log_2 n$。5）取输入层节点数的 2 倍加 1，即 $m=2n+1$。

4.2.4 BP 神经网络预测模型

混沌时间序列预测的实质是一个动力系统的逆问题，即通过动力系统的状态来重构系统的动力学模型 $F(\cdot)$，即

$$F(X_i)=x_{i+T} \qquad (T>0) \tag{4-13}$$

式中，T 为前向预测步长。

构造一个非线性函数 $f(\cdot)$ 去逼近 $F(\cdot)$ 的方法有很多，BP 神经网络就是一种构造混沌时间序列非线性预测模型 $F(\cdot)$ 的很好方法。

BP 神经网络是一种反向传递并且能够修正误差的多层映射函数，它通过对未知系统的输入输出参数进行学习之后，便可以联想记忆表达该系统。BP 神经网络的学习过程由信号的正向传播和误差的反向传播两部分组成。正向传播时，输入样本从输入层传入，经隐含层处理后传向输出层。若输出层与期望的输出不符，则将输出误差通过隐含层向输入层逐层反传，将误差分摊给各层所有节点，以此作为修正各节点连接权值的依据。

若一个非线性离散动力系统的输入为 $X_i=(x_i,\ x_{i+\tau},\ \cdots,\ x_{i+(m-1)\tau})^{\mathrm{T}}$，输出为 $y_i=x_{i+1}$，选择典型的三层 BP 神经网络，用 BP 神经网络来预测混沌时间序列，当神经网络输入层的神经元数等于混沌时间序列重构相空间的嵌入维数 m 时，预测效果比较好[151]，故取 BP 神经网络的输入个数为 m、隐含层为 p、输出个数为 1，则 BP 神经网络完成映射 $f: R^m \to R^1$，其隐含层各节点的输入为

$$S_j=\sum_{i=1}^{m} w_{ij}x_i-\theta_j \qquad (j=1,\ 2,\ \cdots,\ p) \tag{4-14}$$

式中，w_{ij} 为输入层至隐含层的连接权值，θ_j 为隐含层节点的阈值。

BP 神经网络转移函数采用 Sigmoid 函数 $f(x)=1/(1+\mathrm{e}^{-x})$，则隐含层节点的输出为

$$b_j = \frac{1}{1 + \exp\left(-\sum_{i=1}^{m} w_{ij}x_i + \theta_j\right)} \quad (j = 1, 2, \cdots, p) \tag{4-15}$$

同理，输出层节点的输入、输出分别为

$$L = \sum_{j=1}^{p} v_j b_j - \gamma \tag{4-16}$$

$$x_{i+1} = \frac{1}{1 + \exp\left(-\sum_{j=1}^{p} v_j b_j + \gamma\right)} \tag{4-17}$$

式中，v_j 为隐含层至输出层的连接权值，γ 为输出层的阈值。

BP 神经网络的连接权重 w_{ij}、v_j 和阈值 θ_j、γ 可以通过 BP 神经网络训练求得，故 x_{i+1} 是可预测的。式（4-17）即为 BP 神经网络的预测模型。

BP 神经网络在开始训练前将各层的连接权值及阈值随机初始化为 [0，1] 的值，这种未经优化的随机初始化往往会使 BP 神经网络的收敛速度慢，并且容易使最终结果为非最优解。采用遗传算法可以对初始权值以及阈值分布进行优化，优化的初始权值和阈值能使 BP 神经网络具有更高的精度。

【附】BP 神经网络预测算法 MATLAB 源程序

```
clc
clear
close all

disp('---------基于 BP 神经网络的混沌时间序列的多步预测---------')
% ------------------------------------------------------------
% 产生 Logistic 混沌时间序列
lambda=4;
x=0.1;
k1=7e+3;              % 前面的迭代点数
k2=3e+3;              % 后面的迭代点数
tic;
f=zeros(k1+k2,length(lambda));
for i=1:k1+k2
    x=lambda.* x.* (1-x);
    f(i,:)=x;
end
```

```
data=f(k1+1:end,:);
[x,mean,w]=normalize_1(data);     % 归一化到均值为0、方差为1
% ----------------------------------------------------------------
% 相关参数入口
tau=6                  % 时间延迟
m=2                    % 嵌入维数
n_tr=1500;             % 训练样本数
n_te=1000;             % 测试样本数
% ----------------------------------------------------------------
% 混沌序列的相空间重构(phase space reconstruction)
x=x(1:n_tr+n_te);
[xn_tr,dn_tr]=PhaSpaRecon(x(1:n_tr),tau,m);
[xn_te,dn_te]=PhaSpaRecon(x(n_tr+1:n_tr+n_te),tau,m);
% ----------------------------------------------------------------
% 设置网络参数
NodeNum=5;% 隐含层节点数
TypeNum=1;  % 输出维数
TF1='tansig';TF2='purelin';% 判别函数(缺省值)
net=newff(minmax(xn_tr),[NodeNum TypeNum],{TF1 TF2});
% ----------------------------------------------------------------
net.trainParam.show=20;           % 训练显示间隔
net.trainParam.epochs=1000;       % 最大训练次数
net.trainParam.goal=1e-8;         % 最小均方误差
net.trainParam.min_grad=1e-20;% 最小梯度
net.trainParam.time=inf;          % 最大训练时间
% ----------------------------------------------------------------
% 神经元数是训练样本个数
net=train(net,xn_tr,dn_tr);% 训练
err1=sim(net,xn_tr)-dn_tr;
err_mse1=sqrt(sum(err1.^2)/length(err1))
% ----------------------------------------------------------------
% BP 模型训练结果显示
figure;
subplot(211)
plot(1:length(xn_tr),dn_tr,'r* -',1:length(xn_tr),sim(net,xn_tr),'b.-');
axis([0,length(xn_tr),-.5,1.5]);
xlabel('n');
```

```
title('Logistic 序列真实值和拟合值');
ylabel('x(n),xp(n)')
legend('BP 拟合值','真实值');
subplot(212)
plot(1:length(xn_tr),err1,'k');grid;
axis([0,length(xn_tr),-2.0,2.0]);
title('Logistic 序列模型拟合绝对误差')
xlabel('n');
ylabel('e(n)');
% ---------------------------------------------------------------------
% 多步预测
n_pr=30;          % 预测步数
x_start=x(n_tr-(m-1)* tau:n_tr);
dn_pr=zeros(n_pr,1);
for i=1:n_pr
    xn_start=PhaSpaRecon(x_start,tau,m);
    dn_pr(i)=sim(net,xn_start);
    x_start=[x_start(2:end);dn_pr(i)];
end
dn_pr=dn_pr/w+mean;          % 预测值反归一化
dn_te=data(n_tr+1:n_tr+n_pr);
% ---------------------------------------------------------------------
% 误差计算
err2=dn_te-dn_pr;
err_mse2=sqrt(sum(err2.^2)/length(err2))
err_mse3=(sum(abs(err2'))/length(err2))
Perr=sum(err2.^2)/sum(dn_te.^2)          % 预测相对误差
% Perr2=err_mse2/var(x)
toc;
% ---------------------------------------------------------------------
% 结果显示
figure;
subplot(211)
plot(n_tr+1:n_tr+n_pr,dn_pr,'r* -',n_tr+1:n_tr+n_pr,dn_te,'b.-');grid;
axis([n_tr,n_tr+n_pr,-.5,1.5]);
xlabel('n');
title('Logistic 序列真实值和预测值');
```

```
ylabel('x(n),xp(n)')
legend('BP 预测值','真实值');
subplot(212)
plot(n_tr+1:n_tr+n_pr,dn_te-dn_pr,'k');grid;
axis([n_tr,n_tr+n_pr,-2.0,2.0]);
title('Logistic 序列预测绝对误差')
xlabel('n');
ylabel('e(n)');
```

4.3 RBF 神经网络预测模型

4.3.1 RBF 神经网络

20 世纪 80 年代，J. Moody 和 C. Darken 提出了一种具有多层前向网络类似的结构且带有单隐含层的三层前馈网络，被称为径向基函数神经网络[152]，即 RBF 神经网络。通过理论论证表明，RBF 神经网络既能够处理好系统内部难以解析的规律性，也能够以任意精度逼近任意连续函数和任意非线性函数。

通过比较 RBF 神经网络和 BP 网络的学习过程，可以发现两者具有类似的学习过程，其最大的差异在于它们的隐含层采用不相同的作用函数。BP 网络中的作用函数是 Sigmoid 函数，而其值在输入空间中无限大的范围内为非零值，故 BP 网络是一种拥有全局逼近功能的神经网络。但是，RBF 网络中隐含层使用的是高斯基函数，其值在输入空间中有限范围内为非零值，因而 RBF 网络是一种具有局部逼近的神经网络。

有文献[153]研究表明，作为全局逼近的 BP 网络，当其要逼近任何一个非线性函数，其全部的网络权值都要在每次样本学习之后进行重新调整，故而其收敛速度极其缓慢，易陷入局部极小的问题，对于要求高度实时性的控制系统无法适用。而作为具有局部逼近特性的 RBF 神经网络来说，因为它具有非线性的输入到输出的映射和线性的隐含层到输出层的映射，所以它能够迅速地增加学习速度以消除局部极小的问题，从而满足系统实时控制的要求。

RBF 神经网络是一种以径向基函数作为隐含层中变换函数的三层前向网络，可以模拟人脑中相互覆盖接收域和局部调整的神经网络结构，已证明它能以任意精度逼近任一连续函数[154]。构成 RBF 网络的基本思想是：把径向基函数作为隐含层单元的“基”构成隐含层空间，这样输入矢量就直接映射到隐含层空间，当径向基函数的中心点确定以后，这种映射关系也就确定了，并且这种映射关系是非线性的[155]，而隐含层空间到输出层空间的映射是线性的[156]。

(1) RBF 神经网络的结构

RBF 神经网络由输入层、隐含层和输出层三层组成，其拓扑结构如图 4-2 所示。

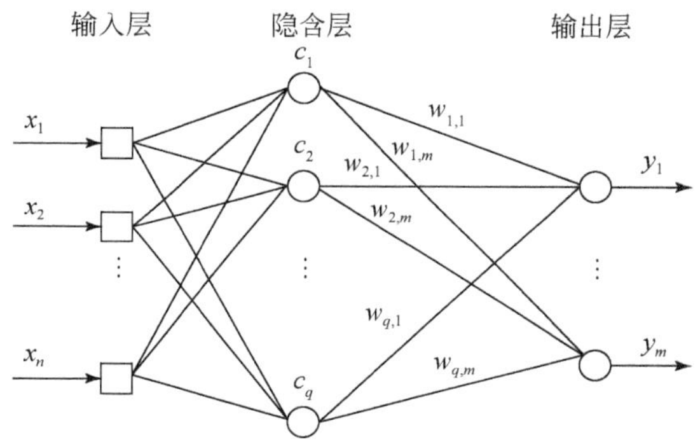

图 4-2 RBF 神经网络结构图

第一层为输入层，由信号源节点组成，其节点个数等于输入向量的维数；第二层为隐含层，隐含层单元数能够影响网络性能，根据所描述的问题需要而定，隐含层单元的变换函数是一种局部分布的非负非线性函数，它对中心点径向对称且减弱；第三层为输出层，网络的输出对输入向量做出响应，是隐含层单元输出的线性加权和。

(2) RBF 神经网络的映射关系

从上述分析可知，RBF 神经网络的映射关系分为两部分。

1) 从输入层空间到隐含层空间 $X \to R_i$ 的非线性映射。设网络输入向量 X 的维数为 n，隐含层单元数为 m。径向基函数的形式有很多，但是最常用的是高斯函数，因此 RBF 神经网络的第 i 个隐含层单元输出可表示为

$$R_i = \exp\left(\frac{\| X - c_i \|^2}{-2\sigma_i^2}\right) \qquad (i=1, 2, 3, \cdots, m) \tag{4-18}$$

式中，c_i 为第 i 个隐含层单元高斯函数的中心矢量，与输入向量 X 维数相同，σ_i 为第 i 个隐含层单元高斯函数的宽度，且大于零，$\| \cdot \|$ 为欧式范数。

由式 (4-18) 知，隐含层单元的输出范围为 (0, 1]，且输入向量越靠近单

元中心，输出值越大，当 $X=c_i$ 时，$R_i=1$。

2）从隐含层空间到输出层空间 $R_i \to Y_j$ 的线性映射。设网络输出向量 Y 的维数为 k，则 RBF 神经网络输出层第 j 个神经元的输出可表示为

$$Y_j = \sum_{i=1}^{m} w_{ji} R_i \qquad (j=1,\ 2,\ \cdots,\ k) \tag{4-19}$$

式中，R_i 为第 i 个隐含层单元的输出，w_{ji} 为第 i 个隐含层单元与第 j 个输出层神经元的连接权，m 为隐含层单元数。

由以上两部分映射可以看出，构造和训练 RBF 神经网络的关键是映射函数通过适当学习，计算出每个隐含层单元高斯函数的中心 c_i、宽度 σ_i 以及隐含层与输出层的连接权 w_{ji} 等参数，从而实现输入层到隐含层，再到输出层的映射。因此，可以认为 RBF 神经网络设计的核心是选取合适的中心、宽度和隐含层，它们会对 RBF 神经网络的预测结果产生根本性的影响。

在 RBF 神经网络结构中，设有 N 个训练样本，则所有样本的总误差为

$$E_N = \frac{1}{2}\sum_{p=1}^{N} e_p = \frac{1}{2}\sum_{p=1}^{N}\sum_{j=1}^{k} e_j^p = \frac{1}{2}\sum_{p=1}^{N}\sum_{j=1}^{k} \left| T_j^p - Y_j^p \right| \tag{4-20}$$

式中，N 为训练样本数，k 为网络输出层神经元数，e_p 为第 p 个样本的误差，e_j^p 表示在样本 p 下第 j 个输出神经元的输出误差，T_j^p 表示在样本 p 下第 j 个输出层神经元的期望输出，Y_j^p 表示在样本 p 下第 j 个输出层神经元的实际输出。

（3）径向基函数

径向基函数是一种局部分布的、以中心点径向对称的、衰减非负非线性函数。当神经元的输入距离径向基函数的中心点较近时，神经元受到的激活程度越高，而产生较大的输出，反之，当神经元距离径向基函数较远时，神经元因为受到的激活程度低，产生的输出就会小甚至趋于零。这就是径向基函数的“局部特性”。径向基函数一般有下列几种：1）高斯函数：$\Phi(v)=\exp(-v^2/2\sigma^2)\ (\sigma>0,\ v\geqslant 0)$。2）薄板样条函数：$\Phi(v)=v^2\log(v)$。3）多二次函数：$\Phi(v)=(v^2+\beta^2)^{\frac{1}{2}}$。4）逆多二次函数：$\Phi(v)=(v^2+\beta^2)^{-\frac{1}{2}}\ (\beta>0,\ v\geqslant 0)$。

在以上四种函数中，高斯函数较为常用一些。在 RBF 神经网络中，提高网络性能的关键不在于径向基函数的选取，而是如何确定隐含层的单元个数、中心向量、宽度参数以及网络的连接权值。经过多次学习和训练来确定这些参数才是提高网络效果的关键。

RBF 神经网络的思想是：输入向量由输入层输入，隐含层的每个节点对输入产生径向对称的反映，即一个个同心圆。距离数据中心较近的节点就会产生较大

的输出。然后用输出层进行线性组合划分，实现其逼近或者分类的功能。

4.3.2　RBF 神经网络学习算法

RBF 神经网络的算法有很多种，如自组织选取中心法、随机选取中心法、有监督选取中心法和正交最小二乘法等。但是，RBF 神经网络的算法一般都分为两个部分：①确定隐含层径向基函数的中心；②调整输出层的权值。

RBF 神经网络的学习分为无监督学习和有监督学习。学习过程的第一阶段属于无监督学习，由输入样本分布决定各隐含节点的高斯函数的参数：中心 c_i 和基宽 σ_i，第二个阶段是有监督学习：为加快学习速度并避免局部最优，可采用线性优化算法求出隐含层和输出层之前的权值。RBF 算法的过程是：确定输入样本，选择合适的中心点、中心距离以及隐含层单元个数构建网络，最后调整输出层的权值，达到网络最优。以下几步是重点：①中心点的确定；②确定宽度；③学习权值。

下面简单介绍两种常用的学习算法。

(1)　正交最小二乘算法

正交最小二乘算法（orthogonal least squares，OLS）是 RBF 神经网络的一种重要的学习算法。该算法的中心从样本数据中选取，其基本思想为：如果将所有样本数据作为数据中心，并令各基宽参数取相同值，根据 Micchelli 定理，隐含层输出阵 $H\in R^{N\times N}$是可逆的，因此输出 y 可以由 H 的 N 个列向量线性表示[169]。但是，选择不同的 H 的 N 个列向量对 y 的能量贡献不同，也就是说，可以从 H 的 N 个列向量中按能量贡献大小依次找出 $N\leqslant M$ 个向量构成 $\hat{H}\in R^{N\times N}$，直至满足给定误差 ε，即

$$\| y-\hat{H}w_0 \| <\varepsilon \tag{4-21}$$

式中，w_0 是使 $\| y-\hat{H}w \|$ 最小的最优权矢量 w 的值。

显然，选择不同的 $\hat{H}$，式（4-21）的误差逼近就不同，它直接影响 RBF 网络的性能。确定了 $\hat{H}$，也就确定了 RBF 网络的数据中心，其他参数也能够通过响应相继求出。但该方法的计算量较大。

(2)　梯度下降法

使用梯度下降法训练 RBF 神经网络，实际上是采用梯度搜索技术通过最小化目标函数调整各隐含层节点的参数，包括数据中心、扩展常数和输出权值。RBF 网络逼近的目标误差函数为

$$E = \frac{1}{2}\sum_{j=1}^{N} e_j = \frac{1}{2}\sum_{j=1}^{N}\left[y_i - \sum_{i=1}^{k} w_i\varphi_i(x_j)\right]^2 \tag{4-22}$$

根据梯度下降法，找到当 E 最小时，节点中心矢量、节点基宽参数及输出权值各参数的训练算法如下。

中心 c_i 的校正方向：

$$\nabla_{c_i} = \frac{2w_i}{\sigma_i^2}\varphi(x_i)(x-c_i) \tag{4-23}$$

宽度 σ_i 的校正方向：

$$\nabla_{\sigma_i} = \frac{2w_i}{\sigma_i^2}\varphi(x_i)\ \|x-c_i\|^2 \tag{4-24}$$

权值 w_i 的校正方向：

$$\nabla_{w_i} = \frac{\varphi(x_j)}{\sum_{i=1}^{k} w_i\varphi(x_j)} \tag{4-25}$$

由此可得梯度下降法的校正公式如下：

$$c_i(n+1) = c_i(n) - \eta_1\frac{2w_i}{\sigma_i^2}\sum_{j=1}^{N} e_j\varphi_i(x_j)(x_j - c_i) \tag{4-26}$$

$$\sigma_i(n+1) = c_i(n) - \eta_2\frac{w_i}{\sigma_i^3}\sum_{j=1}^{N} e_j\varphi_i(x_j)\ \|x - c_i\|^2 \tag{4-27}$$

$$w_i(n+1) = c_i(n) - \frac{1}{2}\eta_3\sum_{j=1}^{N} e_j\varphi_i(x_j) \tag{4-28}$$

式中，$\varphi_i(x_j)$ 表示隐含层节点 i 对 x_j 的输入；η_1、η_2、η_3 表示相应的学习速率，且各自的学习速率是不同的。采用梯度下降法训练径向基函数神经网络能够自动更新隐含层处理单元的中心位置，大幅提高径向基网络的性能，但是同时也延长了训练时间并增加了网络的复杂性。同时，E 对 w_j 为凸函数，而对 c_i、σ_i 都不是，因此对后两个参数还存在局部极小问题。

4.3.3 RBF 神经网络预测模型

RBF 神经网络是局部逼近网络，具有典型的三层网络结构：输入层、隐含层和输出层。取 RBF 网络的输入个数为 m，输出个数为 1，则 RBF 神经网络完成映射 f：$R^m \to R^1$，其数学表达式为

$$x(t+1) = f(\vec{x}(t)) = \sum_{j=1}^{N_c}\lambda_j\varphi_j(\|\vec{x}(t) - \vec{c}_j\|) \tag{4-29}$$

式中，$\vec{x}(t) \in R^m$ 为网络的输入向量；$\varphi_j(\cdot)$ 称为径向基函数；$\|\cdot\|$ 表示范数；λ_j 为输出层连接权值；$\vec{c}_j$ 为径向基函数的中心。采用高斯函数作为径向基函数，其形式为

$$\varphi_j(\|\vec{x}(t)-\vec{c}_j\|)=\exp\left(\frac{-\|\vec{x}(t)-\vec{c}_j\|^2}{\beta^2}\right) \tag{4-30}$$

式中，β 为常数，称为宽度值。

用 RBF 神经网络来预测混沌时间序列，当神经网络每层的神经元数目等于混沌时间序列重构相空间的嵌入维数 m 时，预测效果比较好[151]。根据径向基函数中心选取方法的不同，RBF 网络有不同的学习方法，其中最常用的四种学习方法是随机选取中心法、自组织选取中心法、有监督选取中心法和正交最小二乘法。实际应用中，一般可采用的是 MATLAB 神经网络工具箱中根据正交最小二乘法编写的 Solverb 函数。

应用 RBF 的优点是，确定了隐含层节点的中心向量和径向基函数宽度后，剩下的工作就是确定权重，而寻找权重是一个线性优化问题，该问题有唯一确定解，不存在局部极小值问题。

【附】RBF 神经网络预测算法 MATLAB 源程序

```
clc
clear
close all
disp('---------基于 RBF 神经网络的混沌时间序列的多步预测 ---------')
% --------------------------------------------------------------
% 产生 Logistic 混沌时间序列
lambda=4;
x=0.1;

k1=7e+3;            % 前面的迭代点数
k2=3e+3;            % 后面的迭代点数
tic;
f=zeros(k1+k2,length(lambda));
for i=1:k1+k2
    x=lambda.* x.* (1 - x);
    f(i,:)=x;
end
```

```
data=f(k1+1:end,:);
[x,mean,w]=normalize_1(data);      % 归一化到均值为0、方差为1
% -------------------------------------------------------------------
% 相关参数入口
tau=6                    % 时间延迟
m=2                      % 嵌入维数
n_tr=1500;               % 训练样本数
n_te=1000;               % 测试样本数
% -------------------------------------------------------------------
% 混沌序列的相空间重构(phase space reconstruction)
x=x(1:n_tr+n_te);
[xn_tr,dn_tr]=PhaSpaRecon(x(1:n_tr),tau,m);
[xn_te,dn_te]=PhaSpaRecon(x(n_tr+1:n_tr+n_te),tau,m);
% -------------------------------------------------------------------
% 神经元数是训练样本个数
P=xn_tr;
T=dn_tr;
spread=1                 % 此值越大,覆盖的函数值就大(默认为1)
net=newrbe(xn_tr,dn_tr,spread);
err1=sim(net,xn_tr)-dn_tr;
err_mse1=sqrt(sum(err1.^2)/length(err1))
% -------------------------------------------------------------------
% 多步预测
n_pr=30;                 % 预测步数
x_start=x(n_tr-(m-1)* tau:n_tr);
dn_pr=zeros(n_pr,1);
for i=1:n_pr
    xn_start=PhaSpaRecon(x_start,tau,m);
    dn_pr(i)=sim(net,xn_start);
    x_start=[x_start(2:end);dn_pr(i)];
end
dn_pr=dn_pr/w+mean;          % 预测值反归一化
dn_te=data(n_tr+1:n_tr+n_pr);
% -------------------------------------------------------------------
% 误差计算
err2=dn_te-dn_pr;
err_mse2=sqrt(sum(err2.^2)/length(err2))
```

```
err_mse3=(sum(abs(err2'))/length(err2))
Perr=sum(err2.^2)/sum(dn_te.^2)      % 预测相对误差
% Perr2=err_mse2/var(x)
toc;
% -------------------------------------------------------------
% 结果显示
figure;
subplot(211)
plot(n_tr+1:n_tr+n_pr,dn_pr,'r* -',n_tr+1:n_tr+n_pr,dn_te,'b.-');
axis([n_tr,n_tr+n_pr,-.5,1.5]);
xlabel('n');
title('真实值和预测值');
ylabel('x(n), xp(n)')
legend('RBF 预测值','真实值');
subplot(212)
plot(n_tr+1:n_tr+n_pr,dn_te-dn_pr,'k');grid;
title('预测绝对误差')
xlabel('n');
ylabel('e(n)');
```

4.4　模型检验及实证分析

4.4.1　模型检验

应用 BP 神经网络预测模型和 RBF 神经网络预测模型对 3 种典型的非线性混沌系统（Logistic、Henon、Lorenz）进行预测比较研究。实验所采用的 3 种典型非线性系统参数、归一化和预测精度评测标准与 3.5.1 节相同。

实验将给定的 3000 个样本的前 2000 个样本作为训练样本，经相空间重构后分为训练输入样本 xn_tr 和训练期望输出样本 dn_tr，将后 1000 个样本作为需要预测的未知样本，经相空间重构后分为测试输入样本 xn_te 和测试期望输出样本 dn_te。选取不同的训练输入样本 xn_tr 和训练期望输出样本 dn_tr 训练模型。选取 xn_tr 中的部分样本经相空间重构后作为预测输入样本 xn_pr 进行递推预测，测试输入样本 xn_te 不参与预测，期望输出样本 dn_te 仅仅作为模型预测结果的比较。本节的预测是采用完全已知的样本去预测未知的样本，而不是用已知的测试输入样本 xn_te 去预测期望输出样本 dn_te。

实验中，BP 神经网络结构选择 m-5-1 三层结构，m 为时间序列嵌入维数，遗传算法参数设置：种群规模取 10，进化代数取 100 次，交叉概率取 0.4，变异概率取 0.2。仿真实验得到了一系列的结果，限于篇幅，在此仅仅给出了具有代表性的部分结果。图 4-3 ~ 图 4-5 分别给出了训练样本为 1500、预测样本为 30 时的 3 种典型非线性系统的预测结果。表 4-1 给出了部分不同数量训练样本时的平均绝对误差 MAE 和相对误差 Perr。

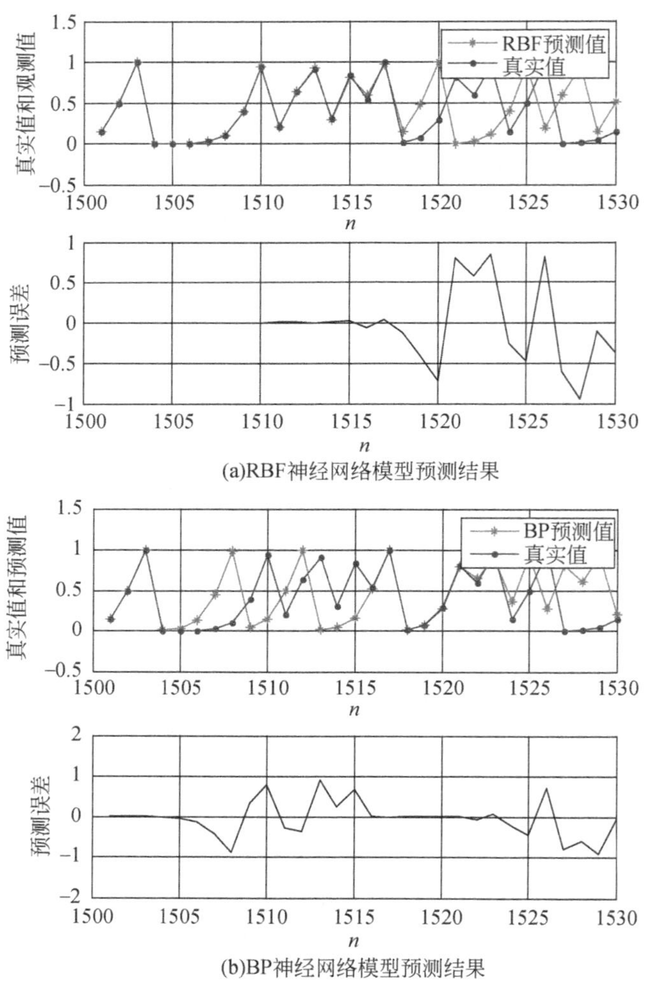

(a)RBF神经网络模型预测结果

(b)BP神经网络模型预测结果

图 4-3 Logistic 混沌时间序列预测结果

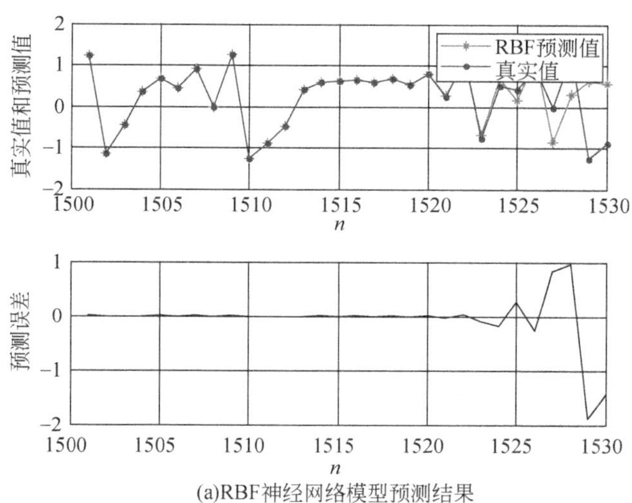

(a)RBF神经网络模型预测结果

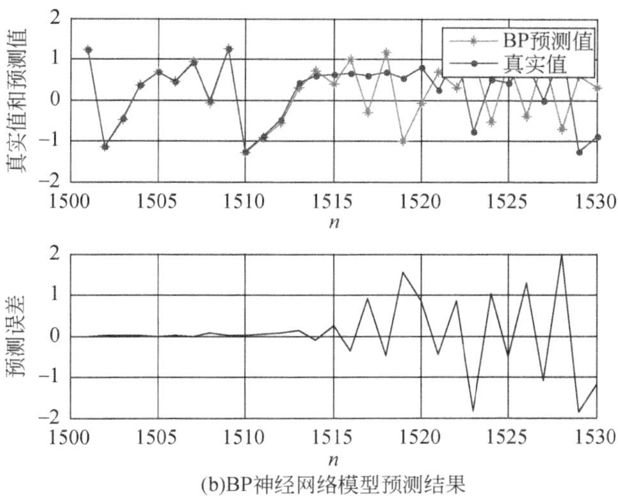

(b)BP神经网络模型预测结果

图 4-4　Henon 混沌时间序列预测结果

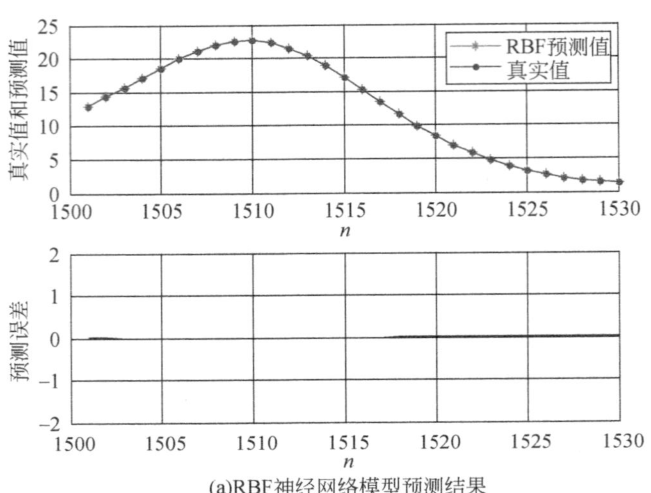

(a)RBF神经网络模型预测结果

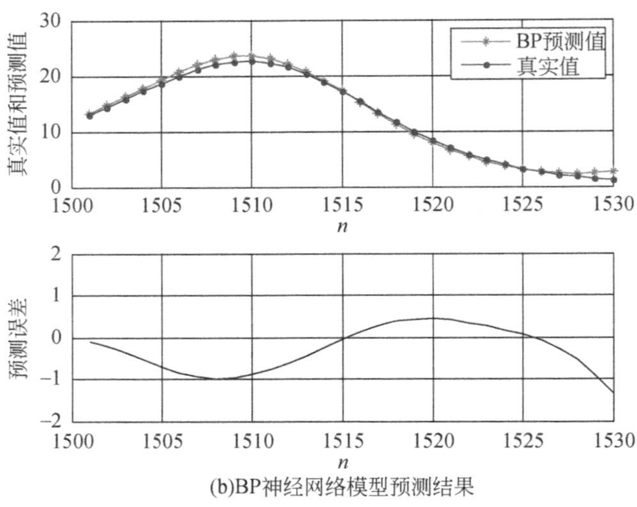

(b)BP神经网络模型预测结果

图 4-5 Lorenz 混沌时间序列预测结果

表 4-1　3 种典型混沌时间序列不同数量训练样本的预测误差

系统		Logistic				Henon				Lorenz			
训练样本数		2000	1500	1000	500	2000	1500	1000	500	2000	1500	1000	500
预测样本数		30	30	30	30	30	30	30	30	30	30	30	30
MAE	BP 模型	0. 3738	0. 3020	0. 3530	0. 2552	0. 5834	0. 5667	0. 4788	0. 5470	0. 4549	0. 4928	0. 4041	1. 0776
	RBF 模型	0. 1852	0. 2476	0. 1937	0. 1558	0. 0716	0. 2404	0. 3265	0. 1139	0. 0779	0. 0743	0. 6300	0. 0162
Perr	BP 模型	0. 8057	0. 6579	0. 7449	0. 5138	1. 0645	1. 1314	0. 9217	1. 0035	0. 0014	0. 0016	0. 0011	0. 0086
	RBF 模型	0. 2694	0. 5059	0. 2374	0. 3545	0. 0472	0. 4310	0. 7207	0. 1522	4.20×10^{-5}	4.59×10^{-5}	0. 0068	1.78×10^{-6}

通过对上述仿真实验结果进行分析，可以得出以下基本结论。

1）除个别情况以外，RBF 神经网络预测模型比 BP 神经网络预测模型的预测精度都有相当程度的提高，这说明本节的 RBF 和 BP 神经网络预测模型是有效的。

2）用于预测的混沌时间序列已知训练样本数量不同时，预测模型预测效果不同，且没有一定规律性。这说明，即使对同一时间序列，RBF 神经网络预测模型也不一定会在各种情况下都比 BP 神经网络预测模型表现得更好。

3）2 种预测模型对 3 种典型混沌时间序列都有很好的预测精度，均有预测值和实际值完全相等的预测点存在，但这样的预测点并不像某些文献给出的那样多，这是因为本节中的预测完全是用已知样本去预测未知样本。

相对于 BP 神经网络预测模型，RBF 神经网络预测模型对典型混沌时间序列具有更好的非线性拟合能力和更高的预测精度。

4.4.2　实测交通流时间序列的实证分析

实证分析中的短时交通流量数据采用 3. 5. 2 节中的北京四环路交通检测器数据，每 5min 记录一次数据，共产生 1302 个数据。取该交通流时间序列前 1200 个数据为训练样本，后 102 个数据为预测检验样本。为测试预测方法的准确性，取不同数量的训练样本进行实验。图 4-6 给出了训练样本为 1200、预测样本为 30 时的 2 种预测方法的预测结果。表 4-2 给出了 2 种预测模型在不同数量训练样本条件下 30 个预测样本的预测平均绝对误差 MAE 和相对误差 Perr。

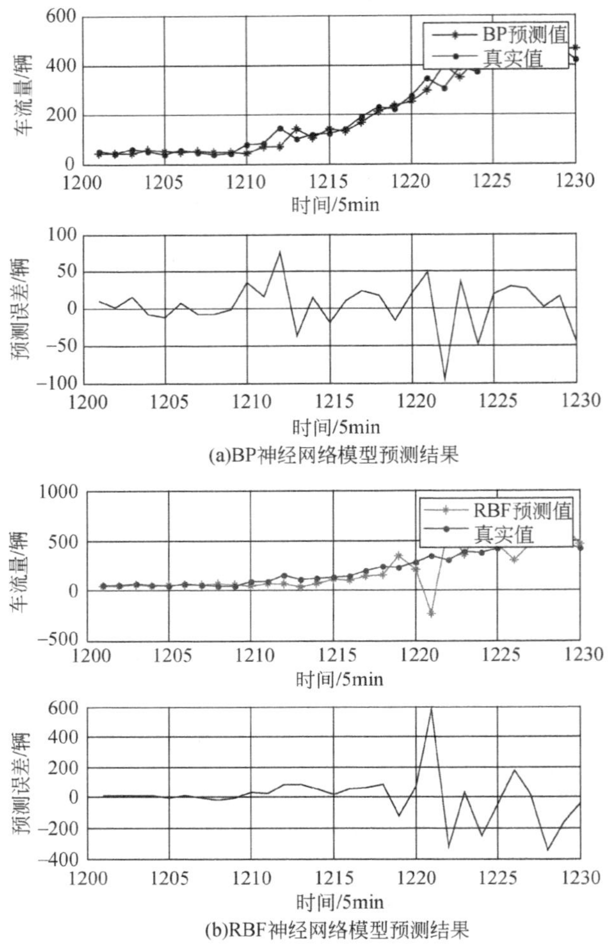

(a)BP神经网络模型预测结果

(b)RBF神经网络模型预测结果

图 4-6 实测交通流混沌时间序列预测结果

表 4-2 实测交通流混沌时间序列不同训练样本的预测误差

训练样本数		1200	1000	800	600	400
预测样本数		30	30	30	30	30
MAE	BP 模型	24.1353	25.5804	34.2720	31.1454	37.6787
	RBF 模型	7.3770	43.6942	29.3419	7.2259	—
Perr	BP 模型	0.0150	0.0158	0.0365	0.0263	0.0364
	RBF 模型	0.0524	0.0214	0.0142	0.0334	—

从图 4-6 和表 4-2 可以看出，2 种预测模型的预测结果都能够很好地反映交通流量变化的趋势和规律，且 RBF 模型的预测精度高于 BP 模型。从表 4-2 还可以看出，训练样本越少，RBF 模型的预测精度比 BP 模型提高得越多，这对短时交通流实现小样本预测具有重要意义。

4.5　RBF 神经网络预测方法与 BP 神经网络预测方法的比较

RBF 神经网络与 BP 神经网络都是非线性多层前向网络，它们都是通用逼近器。对于任一个 BP 神经网络，总存在一个 RBF 神经网络可以代替它，反之亦然。但是这两个网络也存在着很多不同点，这里从网络结构、训练算法、网络资源的利用及逼近性能等方面对 RBF 神经网络和 BP 神经网络进行比较研究。

4.5.1　网络结构

BP 神经网络实行权连接，而 RBF 神经网络输入层到隐含层单元之间为直接连接，隐含层到输出层实行权连接。BP 神经网络隐含层单元的转移函数一般选择非线性函数（如反正切函数），RBF 神经网络隐含层单元的转移函数是关于中心对称的 RBF（如高斯函数）。BP 神经网络是三层或三层以上的静态前馈神经网络，其隐含层和隐含层节点数不容易确定，没有普遍适用的规律可循，一旦网络的结构确定下来，在训练阶段网络结构将不再变化，RBF 神经网络是三层静态前馈神经网络，隐含层单元数也就是网络的结构可以根据研究的具体问题，在训练阶段自适应地调整，这样网络的适用性就更好了。

4.5.2　训练算法

BP 神经网络需要确定的参数是连接权值和阈值，主要的训练算法为 BP 算法和改进的 BP 算法。但 BP 算法存在许多不足之处，主要表现为易陷于局部极小值，学习过程收敛速度慢，隐含层和隐含层节点数难以确定，更为重要的是，一个新的 BP 神经网络能否经过训练达到收敛还与训练样本的容量、选择的算法及事先确定的网络结构（输入节点、隐含层节点、输出节点及输出节点的传递函数）、期望误差和训练步数有很大的关系。

RBF 神经网络的训练算法在 4.3.2 节已做了论述，目前，很多 RBF 神经网络的训练算法支持在线和离线训练，可以动态确定网络结构和隐含层单元的数据中心和扩展常数，学习速度快，比 BP 算法表现出更好的性能。

4.5.3 网络资源的利用

RBF 神经网络原理、结构和学习算法的特殊性决定了其隐含层单元的分配可以根据训练样本的容量、类别和分布来决定。例如，采用最近邻聚类方式训练网络，网络隐含层单元的分配就仅与训练样本的分布及隐含层单元的宽度有关，与执行的任务无关。在隐含层单元分配的基础上，输入与输出之间的映射关系，通过调整隐含层单元和输出单元之间的权值来实现，这样，不同任务之间的影响就比较小，网络的资源就可以得到充分的利用。

这一点和 BP 神经网络完全不同，BP 神经网络权值和阈值的确定由每个任务（输出节点）均方差的总和直接决定，这样，训练的网络只能是不同任务的折中，对于某个任务来说，就无法达到最佳的效果。而 RBF 神经网络则可以使每个任务之间的影响降到较低的水平，从而每个任务都能达到较好的效果，这种并行的多任务系统会使 RBF 神经网络的应用越来越广泛。

4.5.4 逼近性能

RBF 神经网络可以根据具体问题确定相应的网络拓扑结构，具有自学习、自组织、自适应功能，它对非线性连续函数具有一致逼近性，学习速度快，可以进行大范围的数据融合，可以并行高速地处理数据。RBF 神经网络的优良特性使得其显示出比 BP 神经网络更强的生命力，正在越来越多的领域内替代 BP 神经网络。目前，RBF 神经网络已经成功地用于非线性函数逼近、时间序列分析、数据分类、模式识别、信息处理、图像处理、系统建模、控制和故障诊断等。

第 5 章　遗传算法优化 BP 神经网络的混沌时间序列预测方法

为提高 BP 神经网络预测模型对混沌时间序列的预测精度，将改进的遗传算法和 BP 神经网络结合，本章提出了一种基于改进遗传算法优化 BP 神经网络的混沌时间序列预测方法。利用改进的遗传算法优化 BP 神经网络的权值和阈值，然后训练 BP 神经网络预测模型求得最优解。

5.1　问题的提出

5.1.1　BP 神经网络预测方法的缺陷

随着混沌理论和应用技术的不断发展，混沌系统的建模、预测和控制成为当代混沌领域研究的热点。迄今为止，国内外学者对混沌预测理论已经做了很多研究，取得了一些有价值的成果，建立了多种混沌时间序列预测模型，如局域线性模型、Volterra 滤波器自适应预测模型、RBF 神经网络模型、BP 神经网络模型、最大 Lyapunov 指数模型及一些组合预测模型等[157-159]。在这些预测模型中，BP 神经网络通过具有简单处理能力的神经元的复合作用使网络具有复杂的非线性映射能力[151]，是一种比较成功的混沌时间序列预测模型。虽然应用日益广泛，但由于 BP 算法的本质是用梯度下降法学习规则来逐级向前调整网络的权值和阈值，使网络的误差平方和最小，BP 算法在应用中也暴露出了不少问题和缺陷，典型的缺陷如下：①训练次数多、学习效率低、收敛速度慢；②容易形成局部极小；③隐含层的神经元数目难以确定；④训练时有学习新样本而忘记旧样本的趋势。

其中，容易形成局部极小是研究人员最为关注的问题。从数学的观点来看，局部极小存在的在所难免的因素是由于 BP 算法是以梯度下降法为基础的非线性优化方法。使网络陷于局部极小点的可能性也会随着许多局部极小点的而增加。一般情况下，用随机方法对 BP 算法中的 ANN 权值进行初始化，这又增加了 ANN 的学习达到全局最优化的难度。

ANN 的广泛推广能力是有局限性的，其性能还受到它自身对所使用的模型响应程度的影响，而响应程度由对 ANN 进行训练的非主导函数模式决定，特别是样本中存在某些“非主导模式”时。

由于BP神经网络在一些领域的应用受到BP算法自身局部极小和收敛性慢的限制，需要对BP算法进行改进从而扩大BP神经网络的应用。为此，BP算法被很多人用各种方式进行改进，大致有以下几种：①用其他的方法来替换梯度下降法；②与其他搜索算法结合并优化；③用其他函数替换Sigmoid作为传输函数，如使用分段函数以避免BP算法陷入局部极小；④提高动量因子及自适应系数进行多次实验。

由于BP算法存在以上不足，促进了人们在研究中寻找可以改进的手段。在寻找过程中，人们发现粒子群优化算法快捷的收敛速度、良好的鲁棒性记忆强大的全局搜索能力，不需要借助像梯度这类问题本身的特征信息。将这些优势充分与ANN结合，用粒子群优化算法来优化ANN的连接权值，以弥补BP神经网络中的缺陷，从而发挥ANN的泛化能力，以及其收敛速度和学习能力。

5.1.2 BP神经网络预测方法的改进思路

BP神经网络预测模型的主要缺点表现在两方面：一是容易于陷入局部极小值，二是收敛速度慢。遗传算法（genetic algorithm，GA）是一种全局搜索算法，把BP神经网络和遗传算法有机融合，利用遗传算法来弥补BP神经网络连接权值和阈值选择上的随机性缺陷，不仅能发挥BP神经网络泛化的映射能力，而且使BP神经网络具有很快的收敛性及较强的学习能力。基于此，从非线性混沌时间序列角度出发，本节提出了一种改进的遗传算法优化BP神经网络的混沌时间序列预测方法，降低了BP神经网络预测模型陷入局部极小的风险，并且能够使BP神经网络取得很高的收敛精度。该方法首先根据混沌时间序列输入输出参数个数确定BP神经网络拓扑结构，然后使用改进的遗传算法对BP神经网络的权值和阈值进行优化找到最优适应度值对应个体，最后用改进的遗传算法得到的最优个体对BP神经网络的初始权值和阈值赋值，训练BP神经网络预测模型得到预测最优解。

5.2 遗传算法

5.2.1 遗传算法的基本原理

遗传学说认为遗传是作为一种指令码封装在每个细胞中，并以基因的形式包含在染色体中，每个基因有特殊的位置并控制某个特殊的性质，每个基因产生的个体对环境有一定的适应性，基因杂交和基因突变可能产生对环境适应性更强的后代，通过优胜劣汰的自然选择，适应值高的基因结构就被保存下来。遗传算法将问题的求解表示成“染色体”（用编码表示字符串）。该算法从一群“染色体”串出发，将它们置于问题的“环境”中，根据适者生存的原则，从中选择出适应环境的“染色体”进行复制，通过交叉、变异两种基因操作产生出新一代的更适应环境的“染色体”种群。随着算法的运行，优良的品质被逐渐保留并加以组合，从而不断产生出更佳的个体。这一过程就如生物进化那样，好的特征被不断地继承下来，坏的特性被逐渐淘汰。新一代个体中包含着上一代个体的大量信息，新一代的个体不断地在总体特性上胜过旧的一代，从而使整个群体向前进化发展。对于遗传算法，也就是不断接近最优解。

遗传算法是模拟达尔文的遗传选择和自然淘汰的生物进化过程的计算模型，它最早由美国密执安大学的 J. H. Holland 教授提出，起源于 20 世纪 60 年代对自然和人工自适应系统的研究[160]。后来，遗传算法获得了广泛的研究，大量的相关文章被发表，并且遗传算法作为一种优化工具在实践中也逐渐被推广应用。

在遗传算法中，问题的解集被定义为种群中的染色体，每个染色体代表一种可能解。种群中染色体的数量表示种群的规模。染色体作为遗传物质的主要载体，即多个基因的集合，其内部表现是某种基因组合，它决定了个体性状的外部表现。因此，在一开始需要实现从表现型到基因型的映像即编码工作。

染色体在连续的后代中不断得到进化。子代染色体一般这样产生：通过交叉操作来合并两个父代染色体，或通过变异操作改变父代染色体。在每一代中都要评价染色体的适应度（一般根据目标函数），有较高适应度的染色体其存活概率较大。经过数代之后，新生代中染色体会趋于同样，或者满足某种给定的条件，最终的染色体表示对问题的最优或接近最优解。

5.2.2　遗传算法的关键要素

遗传算法一般包括下面七个要素：编码（染色体表示）（representation）、初始群体的设定、适应度评价（fitness evaluation）、选择（genetic selection）、交叉（crossover）、变异（mutation）和终止准则（stopping criteria）[161]。

（1）编码（染色体表示）

用遗传算法解决问题时，首先要对解决问题的模型结构和参数进行编码，一般用字符串表示，这个过程就是要将问题符号化、离散化，或在连续空间中直接对其定义。遗传算法求解问题不是直接作用在问题的解空间上，而是利用解的某种编码表示。选择何种编码表示有时对算法的性能、效率等产生很大的影响。根据优化问题的性质不同，所采取的编码方法有着很大的区别，常用的方法如二进制编码（binary encoding）、实数编码（real number encoding）和求解组合优化问题时常采用的有序串编码、结构式编码等。

(2) 初始群体的设定

由于遗传算法的群体性操作的需要，所以我们必须为遗传算法操作准备一个由若干初始解组成的初始群体。群体规模的确定受遗传操作中选择操作的影响很大。群体规模越大，遗传操作所处理的模式就越多，生成有意义的最优解的机会就越高。换句话说，群体规模越大，群体中个体的多样性越高，算法陷入局部解的危险就越小。但是，群体规模越大，则其适应值评估次数越大，所以计算量也越大，从而影响计算效率。所以，群体规模不能太大也不能太小。在实际应用中群体个数的取值范围一般为几十个至几百个。

(3) 适应度评价

适应度评价是对解的好坏的一种度量，它通常依赖于解的行为与环境（即种群）的关系。一般以目标函数或费用函数或其他方法来表示或确定。解的适应值是演化过程中进行选择的主要依据。

(4) 选择

选择操作的目的是从当前群体中选出优良的个体，使它们有机会作为父代为下一代繁衍子代。选择操作算子的作用是判断个体优良与否，标准就是个体各自适应值的大小。个体适应值越大，其被选中的机会就越大。个体适应值越小，其被选中的机会就越小。优胜劣汰的选择机制使得质量较好的解有较高的存活概率，这是遗传算法与一般搜索算法的主要区别之一。

不同的选择策略对算法的性能也有较大的影响。目前常用的选择算子有[162]：适应值比例选择算子（fitness-proportionate selection）[又叫轮盘赌选择（roulette wheel selection）]、排序选择算子（ranking selection）、联赛选择算子（locally competing selection）、随机遍历选择算子（random selection）等。

(5) 交叉

在自然界生物进化过程中起核心作用的是生物遗传基因的重组（加上变

异）。同样，遗传算法中起核心作用的是遗传操作的交叉算子。通过交叉操作，遗传算法的搜索能力得以飞跃提高。以事先给定的交叉概率 P 在选择出的 N 个个体中任意选择两个个体进行交叉操作，产生两个新的个体，重复此过程直到所有要求交叉（重组）的个体交叉完毕。交叉是两个染色体之间随机交换信息。

目前常用的交叉算子有：由二进制编码引申而来的单点交叉、多点交叉和均匀交叉，以及针对实数编码的算术交叉和启发式交叉等。

（6）变异

变异操作的基本内容是对群体中个体串的某些基因座上的基因值按一定变异概率作变动。就基于 {0，1} 的二进制编码串而言，变异操作就是把某些基因座上的值取反，即 0 变 1 或 1 变 0，而变异位置是随机选择的。对于实数编码而言，变异算子是基因根据算子，在取值范围内随机取值，然后替换该基因座上的原值个体。

目前常用的变异算子有：对二进制编码的 0-1 变异、对实数编码的正态变异、均匀变异、边界变异等。

在遗传算法的结构中引入变异的目的在于：第一，使遗传算法具有跳出局部，实现全局随机搜索的功能，第二，维持群体的多样性，避免出现早熟收敛问题。变异和交叉既有一定联系，又有不同之处。交叉与局部的搜索手段相对应，而突然变异可以说是全局探索手段。变异和交叉之间，有互补的一面，也有竞争的一面。二者的结合使算法在局部搜索和全局搜索两方面能够做到兼顾。

（7）终止准则

遗传算法的终止准则应根据不同的问题采用不同的方法。有文献[163]把这些准则归纳为四种。第一类方法就是给定一个最大的遗传代数 MaxGen，算法迭代代数在达到 MaxGen 时停止。第二类方法是给定问题一个下界 LB，当进化中达到要求的偏差度 ε 时，算法终止。第三类方法则有一定的自适应性：当观察到最优解已经连续 K 代没有进化到一个更好的解时，算法终止。第四类方法即以上多种终止规则的组合。

由于生物的进化过程到目前为止还没有一个明确的终结方向，因此也就没有一个适用于各类问题的通用终止准则，对于具体问题应通过比较再确定所要选用的算法终止准则。

5.2.3 遗传算法的一般流程

简单遗传算法的一般流程如图 5-1 所示。

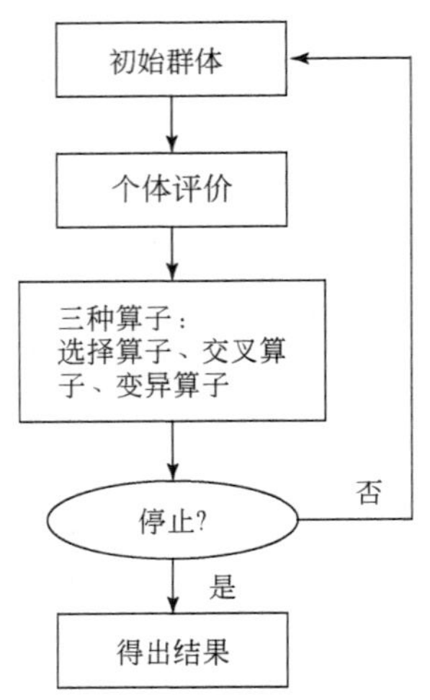

图 5-1 遗传算法流程图

第 1 步：随机产生初始种群，个体数目已定，每个个体表示为染色体的基因编码；

第 2 步：计算个体的适应度，并判断是否符合终止准则，若符合，输出最佳个体及其代表的最优解，并结束计算，否则转向第 3 步；

第 3 步：依据适应度选择再生个体，适应度高的个体被选中的概率高，适应度低的个体可能被淘汰；

第 4 步：按照一定的交叉概率和交叉方法，生成新的个体；

第 5 步：按照一定的变异概率和变异方法，生成新的个体；

第 6 步：由交叉和变异产生新一代的种群，返回第 2 步。

5.2.4 遗传算法的特点

遗传算法具有以下特点[161,164,165]。

（1）自组织、自适应性

应用遗传算法求解问题时，在编码方案、适应值函数及遗传算子确定后，算法将利用进化过程中获得的信息进行组织搜索。基于自然的选择策略为：适者生存。因此，适应值大的个体具有较高的生存概率，再通过交叉和基因突变等遗传操作，就可能产生更适应环境的后代。遗传算法的这种自组织、自适应特征，使它具有能根据进化过程中解的变化来自动发现解空间的特性和规律的能力。

（2）并行性

遗传算法的本质并行性表现在两个方面：一是遗传计算是内在并行的，即其可让一定数量的计算机各自进行独立种群的遗传计算，等运算结束后才进行通信比较，选取最优个体，二是遗传算法的内含并行性。由于遗传算法采用种群的方式组织搜索，因而可同时搜索解空间的多个区域，并相互交流信息。使用这种搜索方式，虽然每次只执行与种群规模 N 成比例的计算，但本质上已进行了$O(N^3)$次有效搜索，这就使遗传算法能以较少的计算获得较大的收益。

（3）过程性

遗传计算通过自然选择和遗传操作等自组织行为来增强群体的适应性。在这个过程中，算法本身无法判断个体处在解空间的位置，因此需要人为干预（即事先确定终止准则）才能终止。

（4）多解性

遗传算法的另一基本特征是采用群体的方式组织搜索。它从多个点出发，通过这些点的内部结构的调整和重组来形成新的点，因而每次都将提供多个近似解。

（5）不确定性

遗传算法的不确定性是伴随其随机性而来的。遗传算法的主要步骤都含有随机因素，使得在算法的进化过程中，事件发生与否具有很大的不确定性。

（6）非定向性

自然选择和交叉、变异这种非定向机制是遗传算法的关键。它没有确定的迭代方程，而是用调整群体内部结构的方法来增强其对环境的适应性，以使得问题得到解决。

（7）内在学习性

遗传算法的个体学习方式是通过改变个体的基因结构来提高自己的适应值。

（8）统计性

遗传计算的种群方式决定它是一个统计过程。在每代，都要进行统计，以确定个体的优劣并推动进化的进行。

（9）稳健性

由于遗传算法利用个体的适应值推动群体的进化，而不管求解问题本身的结构特性，因而在用遗传算法求解不同问题时，只需要设计相应的适应值函数，而无需修改算法的其他部分。同时，因为遗传算法具有自适应性，算法在效率和利益之间的权衡使得它能适用于不同的环境并取得较好的效果。

（10）整体优化性

遗传算法能同时在解空间的多个区域内进行搜索，并且能以较大的概率跳出局部最优，以找出全局最优解。

5.3 遗传算法优化 BP 神经网络预测模型

5.3.1 基本思想

遗传算法是一种全局优化随机搜索算法，在个体基因表示的基础上通过遗传算子模拟遗传过程中出现的复制、交叉和变异等现象，对种群个体逐代择优，从而最终获得最优个体。将改进的遗传算法和 BP 神经网络相结合，形成一个遗传算法优化 BP 神经网络的预测模型。模型算法分为三部分：

1）确定 BP 神经网络结构。根据混沌时间序列输入输出参数个数确定 BP 神经网络拓扑结构，进而确定遗传算法个体的长度。

2）遗传算法优化 BP 神经网络权值和阈值。采用线性插值函数生成种群个体，种群中每一个个体都包含一个 BP 神经网络的所有权值和阈值，个体通过适应度函数计算个体适应度值，遗传算法通过选择、交叉和变异操作找到最优适应度值对应个体。

3）BP 神经网络预测。用遗传算法得到的最优个体对 BP 神经网络初始权值和阈值进行赋值，用 BP 神经网络预测模型进行局部寻优，从而得到具有全局最优解的 BP 神经网络预测值。

5.3.2　遗传算法优化 BP 神经网络预测算法步骤

算法具体步骤如下。

第 1 步：设群体规模为 P。随机生成 P 个个体的初始种群 $W=(W_1, W_2, \cdots, W_P)^{\mathrm{T}}$，给定一个数据选定范围，由于初始群体的确定对 GA 的全局寻优有很大影响，所以采用线性插值函数生成种群中个体 W_i 的一个实数向量 $w_1, w_2, \cdots, w_S$，作为遗传算法的一个染色体。染色体的长度为

$$S=RS_1+S_1S_2+S_1+S_2 \tag{5-1}$$

式中，R 为输入层节点数，S_1 为隐含层节点数，S_2 为输出层节点数。

确定好的种群中的每个个体 $W_i=(w_1, w_2, \cdots, w_S)(i=1, 2, \cdots, P)$ 代表一个 BP 神经网络的初始值，个体 W_i 中的一个基因值 w_j 表示神经网络的一个连接权值或阈值。为了得到高精度的权值、缩短染色体的串长，采用浮点数编码方法。

第 2 步：确定个体的评价函数。给定一个 BP 神经网络进化参数，将第 1 步中得到的染色体对 BP 神经网络权值和阈值进行赋值，输入训练样本进行神经网络训练，达到设定的精度得到一个网络训练输出值 $\hat{y}_i$，则种群 W 中个体 W_i 的适应度值 $\mathrm{fitness}_i$ 和平均适应度值 $\bar{f}$ 分别定义为

$$\mathrm{fitness}_i=\sum_{j=1}^{M-1}(\hat{y}_j-y_j)^2 \quad (i=1, 2, \cdots, P) \tag{5-2}$$

$$\bar{f}=\frac{\sum_{i=1}^{P}\mathrm{fitness}_i}{P} \tag{5-3}$$

式中，$\hat{y}_j$ 为训练输出值，y_j 为训练输出期望值，M 为重构相空间中的相点数，P 为种群规模。

第 3 步：采用轮盘赌法选择算子，即基于适应度比例的选择策略对每一代种群中的染色体进行选择，则选择概率 p_i 为

$$p_i=\frac{f_i}{\sum_{i=1}^{P}f_i} \quad (i=1, 2, \cdots, P) \tag{5-4}$$

式中，$f_i=1/\mathrm{fitness}_i$，P 为种群规模。

第 4 步：由于个体采用实数编码，所以交叉操作方法采用实数交叉法。第 k 个基因 w_k 和第 l 个基因 w_l 在 j 位的交叉操作为

$$\begin{cases} w_{kj}=w_{kj}(1-b)+w_{lj}b \\ w_{lj}=w_{lj}(1-b)+w_{kj}b \end{cases} \tag{5-5}$$

式中，b 为［0，1］的随机数。

第 5 步：变异操作选取第 i 个个体的第 j 个基因进行变异操作：

$$w_{ij}=\begin{cases} w_{ij}+(w_{ij}-w_{\max})f(g) & r\geqslant 0.5 \\ w_{ij}+(w_{\min}-w_{ij})f(g) & r<0.5 \end{cases} \tag{5-6}$$

$$f(g)=r_2(1-g/G_{\max}) \tag{5-7}$$

式中，$w_{\max}$ 和 $w_{\min}$ 分别为基因 w_{ij} 取值的上下界，r 为［0，1］的随机数，r_2 为一个随机数，g 为当前迭代次数，$G_{\max}$ 为最大进化代数。

第 6 步：将遗传算法的最优个体分解为 BP 神经网络的连接权值和阈值，利用 BP 算法对 BP 神经网络预测模型进行训练，求出混沌时间序列预测最优解。

【附】遗传算法优化 BP 神经网络预测算法 MATLAB 源程序

```
clc
clear
close all

disp('---------基于 BP 神经网络的混沌时间序列的多步预测---------')
% ----------------------------------------------------------------
% 产生 Logistic 混沌时间序列
tic;
lambda=4;
x=0.1;
k1=7e+3;            % 前面的迭代点数
k2=3e+3;            % 后面的迭代点数
tic;
f=zeros(k1+k2,length(lambda));
fori=1:k1+k2
    x=lambda.* x.* (1-x);
```

```
    f(i,:)=x;
end
data1=f(k1+1:end,:);
[data,mean,w]=normalize_1(data1);     % 归一化到均值为 0、方差为 1
% -----------------------------------------------------------------
% 相关参数入口
tau=6                    % 时间延迟
m=2                      % 嵌入维数
n_tr=1500;   % 训练样本数
n_te=500;    % 测试样本数
% -----------------------------------------------------------------
% 混沌序列的相空间重构(phase space reconstruction)
data=data(1:n_tr+n_te);
[xn_tr,dn_tr]=PhaSpaRecon(data(1:n_tr),tau,m);
[xn_te,dn_te]=PhaSpaRecon(data(n_tr+1:n_tr+n_te),tau,m);
% BP 神经网络节点个数
inputnum=m;     % 输入层数
hiddennum=2* m+1;  % 隐含层数
outputnum=1;  % 输出层数
% 构建 BP 神经网络
net=newff(xn_tr,dn_tr,hiddennum);
% -----------------------------------------------------------------
% 遗传算法参数初始化
maxgen=100;              % 进化代数,即迭代次数
sizepop=10;              % 种群规模
pcross=[0.4];            % 交叉概率选择,0 ~1
pmutation=[0.2];         % 变异概率选择,0 ~1
% 节点总数
numsum=inputnum* hiddennum+hiddennum+hiddennum* outputnum+outputnum;
lenchrom=ones(1,numsum);
bound=[-3* ones(numsum,1)3* ones(numsum,1)];     % 数据范围
% -----------------------------------------------------------------
% 种群初始化
individuals=struct('fitness',zeros(1,sizepop),'chrom',[]);% 将种群
信息定义为一个结构体
avgfitness=[];                  % 每一代种群的平均适应度
bestfitness=[];                 % 每一代种群的最佳适应度
```

```
bestchrom=[];                  % 适应度最好的染色体
% 初始化种群
fori=1:sizepop
    % 随机产生一个种群
    individuals.chrom(i,:)=Code(lenchrom,bound);  % 编码(binary 和
grey 的编码结果为一个实数,float 的编码结果为一个实数向量)
    x=individuals.chrom(i,:);
    % 计算适应度
    individuals.fitness(i)=fun(x,inputnum,hiddennum,outputnum,net,
xn_tr,dn_tr);% 染色体的适应度
end
% 找最好的染色体
[bestfitness bestindex]=min(individuals.fitness);
bestchrom=individuals.chrom(bestindex,:);    % 最好的染色体
avgfitness=sum(individuals.fitness)/sizepop; % 染色体的平均适应度
% 记录每一代进化中最好的适应度和平均适应度
trace=[avgfitness bestfitness];
% -----------------------------------------------------------------
% 迭代求解最佳初始阈值和权值
% 进化开始
for i=1:maxgen
    i
    % 选择
    individuals=Select(individuals,sizepop);
    avgfitness=sum(individuals.fitness)/sizepop;
    % 交叉
    individuals.chrom=Cross(pcross,lenchrom,individuals.chrom,sizepop,
bound);
    % 变异
individuals.chrom=Mutation(pmutation,lenchrom,individuals.chrom,
sizepop,i,maxgen,bound);
        % 计算适应度
    for j=1:sizepop
        x=individuals.chrom(j,:);% 解码
        individuals.fitness(j)=fun(x,inputnum,hiddennum,outputnum,
net,xn_tr,dn_tr);
    end
```

```
        % 找到最小和最大适应度的染色体及它们在种群中的位置
    [newbestfitness,newbestindex]=min(individuals.fitness);
    [worestfitness,worestindex]=max(individuals.fitness);
        % 代替上一次进化中最好的染色体
    if bestfitness>newbestfitness
        bestfitness=newbestfitness;
        bestchrom=individuals.chrom(newbestindex,:);
    end
    individuals.chrom(worestindex,:)=bestchrom;
    individuals.fitness(worestindex)=bestfitness;
        avgfitness=sum(individuals.fitness)/sizepop;
        trace=[trace;avgfitness bestfitness];% 记录每一代进化中最好的适
应度和平均适应度
end
% ------------------------------------------------------------------
% 遗传算法结果分析
figure(1)
[r c]=size(trace);
plot([1:r]',trace(:,2),'b--');
title(['适应度曲线   ''终止代数='num2str(maxgen)]);
xlabel('进化代数');ylabel('适应度');
legend('平均适应度','最佳适应度');
disp('适应度                    变量');
% ------------------------------------------------------------------
% 把最优初始阈值权值赋予 BP 网络
w1=x(1:inputnum* hiddennum);
B1=x(inputnum* hiddennum+1:inputnum* hiddennum+hiddennum);
w2=x(inputnum* hiddennum+hiddennum+1:inputnum* hiddennum+hiddennum+
hiddennum* outputnum);
B2=x(inputnum* hiddennum+hiddennum+hiddennum* outputnum+1:inputnum*
hiddennum+hiddennum+hiddennum* outputnum+outputnum);
net.iw{1,1}=reshape(w1,hiddennum,inputnum);
net.lw{2,1}=reshape(w2,outputnum,hiddennum);
net.b{1}=reshape(B1,hiddennum,1);
net.b{2}=B2;
% ------------------------------------------------------------------
% 用遗传算法优化的 BP 网络训练
```

```
net.trainParam.epochs=100;    % 最大训练次数
net.trainParam.lr=0.01;        % 学习率
% net.trainParam.goal=0.00001;  % 最小均方误差
[net,per2]=train(net,xn_tr,dn_tr);% 网络训练
% ----------------------------------------------------------------------------
% 多步预测
n_pr=200;          % 预测步数
xn_te=xn_te(:,1:n_pr);
dn_te=dn_te(:,1:n_pr);
dn_pr=sim(net,xn_te);
dn_pr=dn_pr/w+mean;       % 预测值反归一化
dn_te=dn_te/w+mean;       % 预测值反归一化
% ----------------------------------------------------------------------------
% 误差计算
err2=dn_pr-dn_te;
err_mse2=sqrt(sum(err2.^2)/length(err2))
err_mse3=(sum(abs(err2'))/length(err2))
Perr=sum(err2.^2)/sum(dn_te.^2)       % 预测相对误差
% Perr2=err_mse2/var(x)
toc;
% ----------------------------------------------------------------------------
% 结果显示
figure;
subplot(211)
plot(n_tr+1:n_tr+length(err2),dn_pr,'r* -',n_tr+1:n_tr+length
(err2),dn_te,'b.-');grid;
axis([n_tr,n_tr+n_pr,-.5,1.5]);
xlabel('n','FontSize',16);
title('Logistic 序列真实值和预测值','FontSize',16);
ylabel('真实值/预测值','FontSize',16)
legend('GABP 预测值','真实值','FontSize',16);
subplot(212)
plot(n_tr+1:n_tr+length(err2),dn_te-dn_pr,'k');grid;
axis([n_tr,n_tr+n_pr,-2e-003,2e-003]);
title('Logistic 序列预测绝对误差','FontSize',16)
xlabel('n','FontSize',16);
ylabel('err','FontSize',16);
```

5.4　模型检验

5.4.1　实验条件

在 MATLAB 2009b 环境下，采用 MATLAB 语言编写算法计算程序，并应用 MATLAB 神经网络工具箱构建了 2 种预测模型：遗传算法优化混沌 BP 神经网络预测模型（GABP 模型）和一般的混沌 BP 神经网络预测模型（BP 模型）[166]。对 3 种典型的非线性混沌系统（Logistic、Henon、Lorenz）进行预测比较研究。实验所采用的 3 种典型非线性系统参数、归一化和预测精度评测标准与 3.5.1 节相同。

实验将给定的 3000 个样本的前 2000 个样本作为训练样本，经相空间重构后分为训练输入样本 xn_tr 和训练期望输出样本 dn_tr，将后 1000 个样本作为需要预测的未知样本，经相空间重构后分为测试输入样本 xn_te 和测试期望输出样本 dn_te。选取不同的训练输入样本 xn_tr 和训练期望输出样本 dn_tr 训练模型。选取 xn_tr 中的部分样本经相空间重构后作为预测输入样本 xn_pr 进行递推预测，测试输入样本 xn_te 不参与预测，期望输出样本 dn_te 仅仅作为模型预测结果的比较。本节的预测是采用完全已知的样本去预测未知的样本，而不是用已知的测试输入样本 xn_te 去预测期望输出样本 dn_te。

实验中，BP 神经网络结构选择 m-5-1 三层结构，m 为时间序列嵌入维数；遗传算法参数设置：种群规模取 10，进化代数取 100 次，交叉概率取 0.4，变异概率取 0.2。仿真实验得到了一系列的结果，限于篇幅，在此仅仅给出了具有代表性的部分结果。图 5-2 ~ 图 5-4 分别给出了训练样本为 1500、预测样本为 30 时的 3 种典型非线性系统的预测结果。表 5-1 给出了部分不同数量训练样本时的平均绝对误差 MAE 和相对误差 Perr。

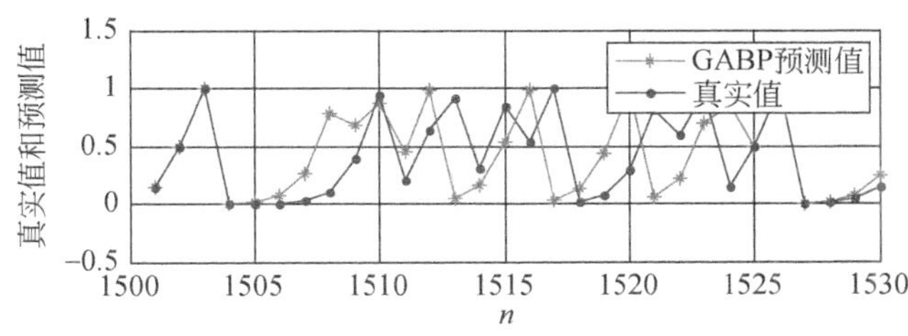

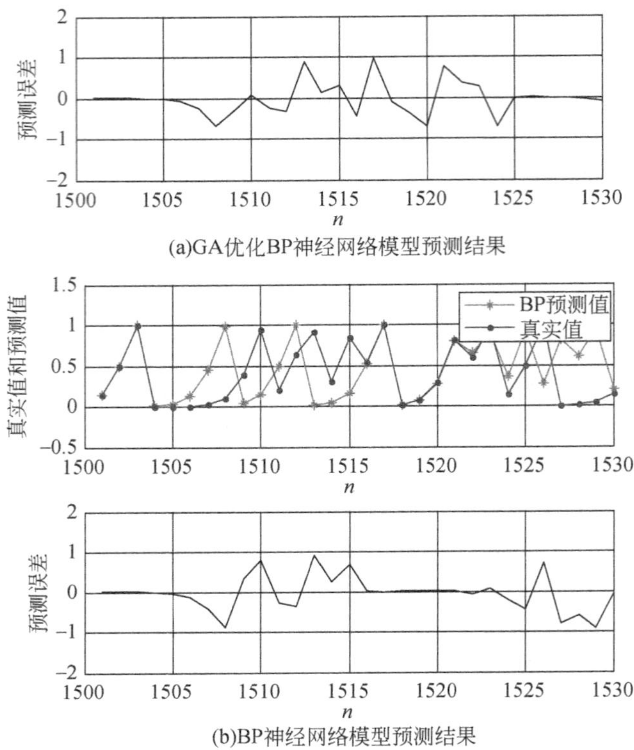

(a)GA优化BP神经网络模型预测结果

(b)BP神经网络模型预测结果

图 5-2 Logistic 混沌时间序列预测结果

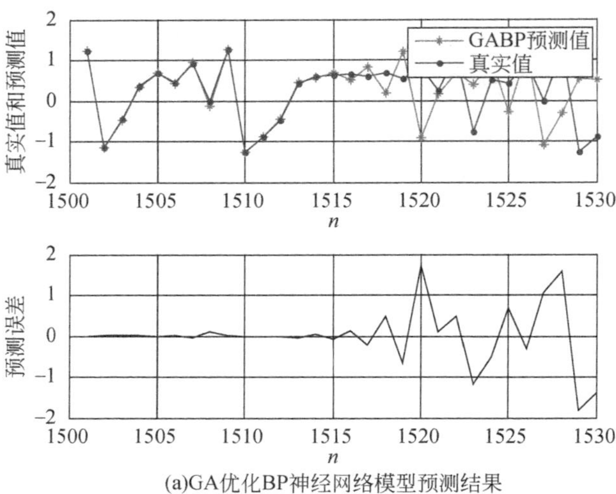

(a)GA优化BP神经网络模型预测结果

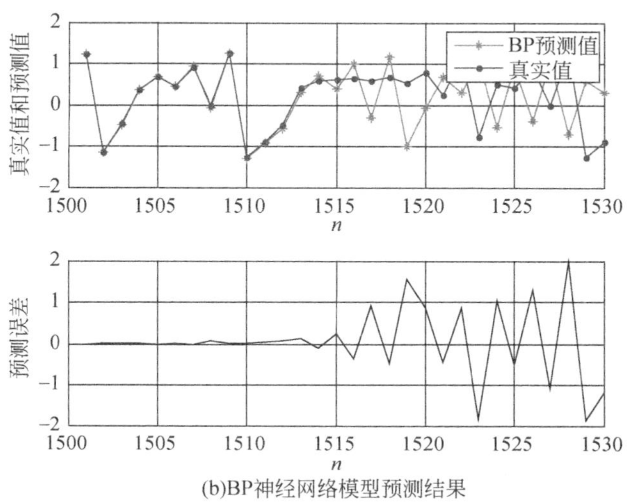

(b)BP神经网络模型预测结果

图 5-3　Henon 混沌时间序列预测结果

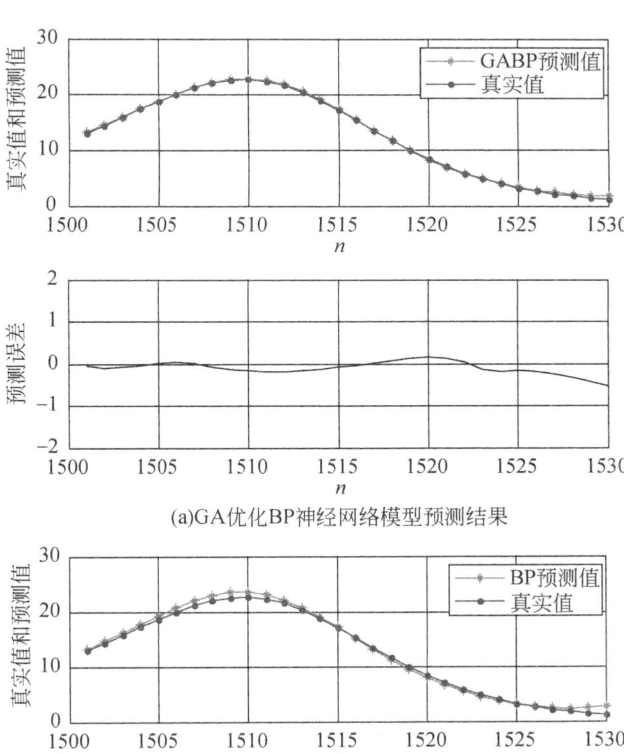

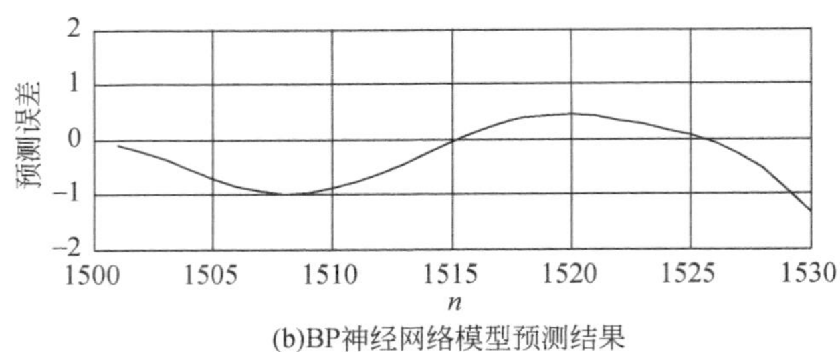

(b)BP神经网络模型预测结果

图 5-4 Lorenz 混沌时间序列预测结果

表 5-1 3 种典型混沌时间序列不同数量训练样本的预测误差

系统		Logistic				Henon				Lorenz			
训练样本数		2000	1500	1000	500	2000	1500	1000	500	2000	1500	1000	500
预测样本数		30	30	30	30	30	30	30	30	30	30	30	30
MAE	BP 模型	0. 3738	0. 3020	0. 3530	0. 2552	0. 5834	0. 5667	0. 4788	0. 5470	0. 4549	0. 4928	0. 4041	1. 0776
	GA BP 模型	0. 2982	0. 2714	0. 3289	0. 2425	0. 4391	0. 3316	0. 4559	0. 4854	0. 1468	0. 2352	0. 4831	0. 2618
Perr	BP 模型	0. 8057	0. 6579	0. 7449	0. 5138	1. 0645	1. 1314	0. 9217	1. 0035	0. 0014	0. 0016	0. 0011	0. 0086
	GA BP 模型	0. 6131	0. 5262	0. 7003	0. 4698	0. 7135	0. 3987	0. 7745	1. 0596	2.5186×10^{-4}	2.9394×10^{-4}	0. 0012	4.6787×10^{-4}

5.4.2 结果分析

通过对上述仿真实验结果进行分析，可以得出以下基本结论。

1）除个别情况以外，遗传算法优化 BP 神经网络预测模型比不优化的 BP 神经网络预测模型的预测精度都有相当程度的提高，这说明本书的遗传算法优化 BP 神经网络预测模型是有效的。

2）用于预测的混沌时间序列已知训练样本数量不同时，预测模型预测效果不同，且没有一定规律性。这说明，即使对同一时间序列，遗传算法优化 BP 神经网络预测模型，也不一定会在各种情况下都比不优化的 BP 神经网络预测模型表现得更好。

3）2 种预测模型对 3 种典型混沌时间序列都有很好的预测精度，均有预测值和实际值完全相等的预测点存在，但这样的预测点并不像某些文献给出的那样多，这是因为本节中的预测完全是用已知样本去预测未知样本。

5.5 实证分析

5.5.1 在股票指数预测中应用

(1) 实验条件

实验采用三层 BP 神经网络结构，输入层节点数为 m，隐含层节点数为 $2m+1$，输出层节点数为 1；BP 神经网络参数设置为：训练次数取 100，训练目标取 0.000 01，学习率取 0.01；遗传算法参数设置：种群规模取 10，进化代数取 100 次，交叉概率取 0.4，变异概率取 0.1。

实验中的数据为上海证券交易所 2005 年 3 月 1 日～2010 年 7 月 20 日上证综合指数的每日收盘指数，共产生 1314 个数据，如图 5-5 所示。分别用 C-C 算法和 Cao 方法求得该指数时间序列的延迟时间 $\tau=1$，嵌入维数 $m=6$，根据最大 Lyapunov 指数小数据量的改进计算方法，得其最大 Lyapunov 指数为 0.0403，说明该上证综合指数时间序列为混沌时间序列。

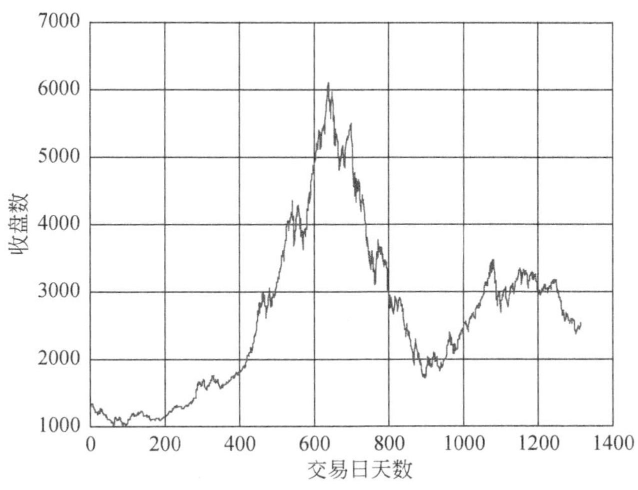

图 5-5　上证综合指数收盘指数时间序列

实验中，用 GABP 神经网络预测模型和一般的 BP 神经网络预测模型对该股指时间序列进行单步预测，为测试预测方法的准确性，预测取不同数量的训练样本。图 5-6 给出了训练样本为 1200、预测样本为 30 时的 2 种预测模型的预测结果。从图 5-6 可以看出 2 种预测模型的预测结果都能够很好地反映上证综合指数变化的趋势和规律，GABP 模型平均绝对误差 MAE 比 BP 模型降低 5.21%，相对误差 Perr 降低 10.37%，预测效果令人满意。

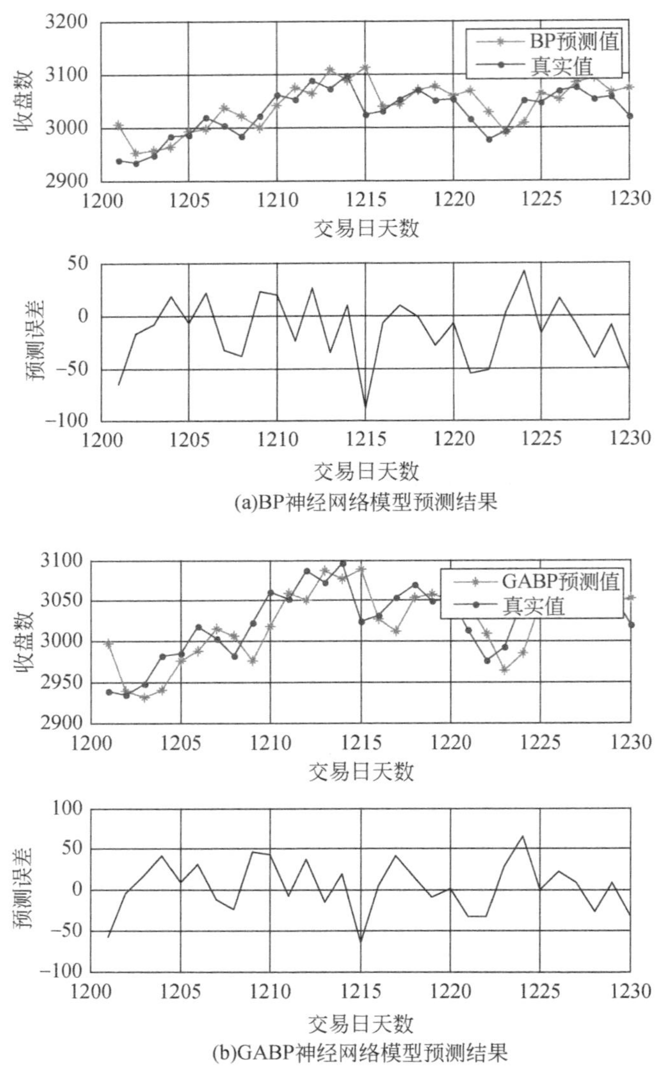

图 5-6 上证综合指数时间序列预测结果

（2）结果分析[167]

为进一步说明预测算法的有效性，表 5-2 给出了 2 种预测模型在不同数量训练样本条件下的平均绝对误差 MAE 和相对误差 Perr，从表 5-2 的结果可以看出，GABP 预测算法对不同数量训练样本条件下的上证综合指数的预测是有效的。

表 5-2　上证综合指数时间序列不同训练样本的预测误差

训练样本数		1200	1000	800	600	400
预测样本数		30	30	30	30	30
MAE	BP	26.3301	26.1027	27.2950	26.8237	34.4372
	GABP	25.0269	24.4244	24.8091	25.4507	30.6982
Perr	BP	1.1607×10^{-4}	1.2028×10^{-4}	1.1253×10^{-4}	1.1991×10^{-4}	2.1138×10^{-4}
	GABP	1.0516×10^{-4}	1.0135×10^{-4}	1.0063×10^{-4}	1.0606×10^{-4}	1.5303×10^{-4}

针对 BP 神经网络预测存在局部极小缺陷和收敛速度慢的问题，提出了一种遗传算法优化混沌 BP 神经网络的时间序列预测方法。将其应用于上证综合指数的预测，并与 BP 模型进行了比较。结果表明：该方法降低了 BP 神经网络预测模型陷入局部极小值的可能，提高了模型收敛速度。相对于 BP 预测模型，该方法对上证综合指数具有更好的非线性拟合能力和更高的预测精度。

5.5.2　在城市交通流预测中的应用

（1）实验条件

实证分析中的短时交通流量数据采用 3.5.2 节中的北京四环路交通检测器数据，每 5min 记录一次数据，共 1302 个数据。取该交通流时间序列前 1200 个数据为训练样本，后 102 个数据为预测检验样本。实验取变异概率为 0.05，其他参数不变，取交通流序列前 1200 个数据为训练样本，后 102 个数据为预测检验样本，用 GABP 模型和 BP 模型对其进行预测。

（2）结果分析[168]

图 5-7 给出了训练样本为 1200、预测样本为 30 时的预测结果。表 5-3 给出了 2 种预测模型在不同数量训练样本条件下 30 个预测样本的平均绝对误差 MAE 和相对误差 Perr。从图 5-7 和表 5-3 可以看出，2 种预测模型的预测结果均能较

好地反映交通流量变化的趋势和规律，经过优化的 GABP 模型预测精度稳定，不受训练样本数量影响，且 GABP 模型的预测精度高于 BP 模型，这说明 GABP 预测模型对于实测短时交通流时间序列的预测是有效的。从表 5-3 还可以看出，训练样本越少，GABP 预测模型的预测精度比 BP 预测模型提高得越多，这一特点对短时交通流实现小数据量样本的混沌预测和混沌控制具有重要意义。

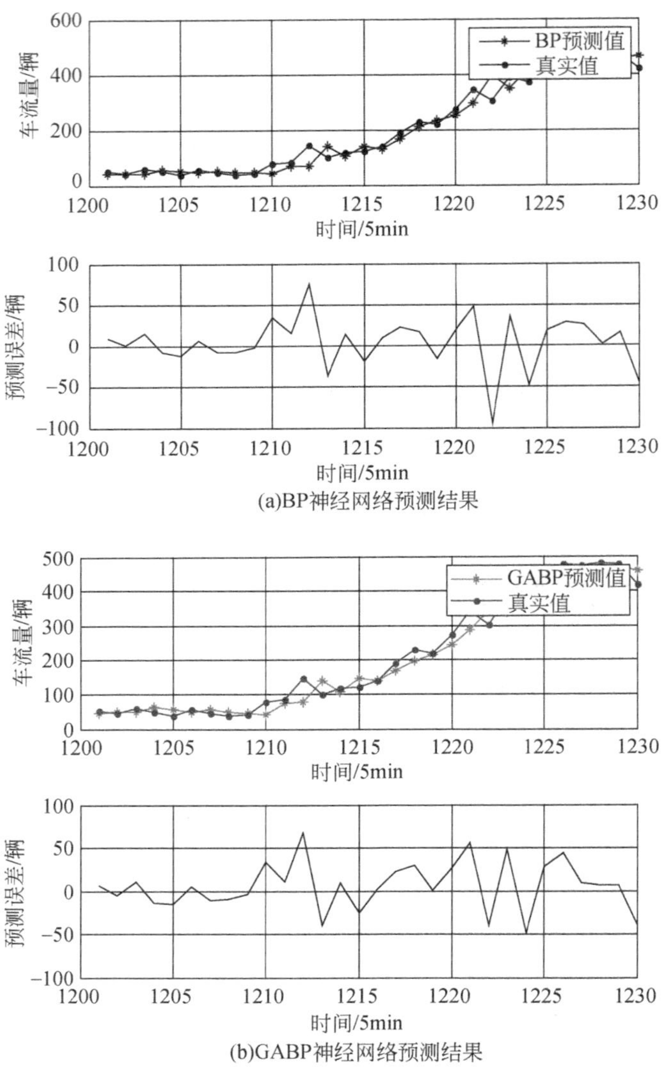

(a)BP神经网络预测结果

(b)GABP神经网络预测结果

图 5-7 实测交通流混沌时间序列预测结果

表 5-3　实测交通流混沌时间序列不同训练样本预测误差

训练样本数		1200	1000	800	600	400
MAE	BP	24. 135	25. 580	34. 272	31. 145	37. 679
	GABP	22. 486	23. 474	23. 629	22. 963	24. 864
Perr	BP	0. 0150	0. 0158	0. 0365	0. 0263	0. 0364
	GABP	0. 0120	0. 0136	0. 0171	0. 0139	0. 0142

尽管 GABP 模型对于短时交通流混沌时间序列的预测精度比 BP 预测模型有较大的提高，但相对于典型混沌时间序列预测，GABP 模型预测精度的提升幅度还是较小，这说明城市交通流系统具有更高的复杂性，提高短时交通流的预测准确性不仅要从预测方法上考虑，还要从多角度考虑。

第6章　粒子群算法优化BP神经网络的混沌时间序列预测方法

粒子群优化算法[169]（particle swarm optimization，PSO）是一种有效的全局寻优算法，是Kennedy和Eberhart在1995年受人工生命研究结果的启发，通过模拟鸟群觅食过程中的迁徙和群聚行为而提出的一种基于群体智能的全局随机搜索算法。它的特点是收敛速度快，具有全局最优的特点，常被用于神经网络、SVM参数优化等领域。为克服BP神经网络模型容易于陷入局部极小值和收敛速度慢的缺点，本章采用改进粒子群优化算法的BP神经网络预测模型。

6.1　粒子群算法基本原理

6.1.1　基本粒子群算法

粒子群优化算法的核心思想是：通过群体中个体之间的相互协作和信息共享来寻找最优解。在该算法中，每个优化问题的候选解都是搜索空间中一个粒子（particle）的状态，每个粒子都对应一个由目标函数决定的适应度值（fitness value），粒子的速度决定了它们飞翔的方向和距离。粒子根据自身及同伴的飞行经验进行动态调整，即粒子自身所找到的最优解和整个种群当前找到的最优解。如此在解空间中不断搜索，直至满足要求为止。

粒子群优化算法属于进化算法，其实现容易，优化精度高，尤其是收敛速度很快，在解决实际问题中展现了无与伦比的优越性。下面结合本研究介绍粒子群算法的具体操作[170]。

设在一个S维的搜索空间中，由n个粒子组成的种群$W=(W_1, W_2, \cdots, W_n)$，其中第$i$个粒子表示为一个$S$维的向量$W_i=(w_{i1}, w_{i2}, \cdots, w_{iS})^{\mathrm{T}}$，代表第$i$个粒子在$S$维搜索空间中的位置，表示一个问题的潜在解。根据目标函数可计算出每个粒子位置W_i对应的适应度值。第i个粒子的速度记为$V_i=(V_{i1}, V_{i2}, \cdots, V_{iS})^{\mathrm{T}}$，其个体极值记为$P_i=(P_{i1}, P_{i2}, \cdots, P_{iS})^{\mathrm{T}}$，种群全局极值记为$P_g=(P_{g1}, P_{g2}, \cdots, P_{gS})^{\mathrm{T}}$。

在每一次迭代过程中，粒子通过个体极值和全局极值更新自身的速度和位

置，更新模型为

$$V_{id}^{k+1}=\omega V_{id}^{k}+c_1r_1(P_{id}^{k}-w_{id}^{k})+c_2r_2(P_{gd}^{k}-w_{gd}^{k}) \tag{6-1}$$

$$w_{id}^{k+1}=w_{id}^{k}+V_{id}^{k+1} \tag{6-2}$$

式中，ω 为惯性权重，$d=1, 2, \cdots, S$，$i=1, 2, \cdots, n$，k 为当前迭代次数，V_{id} 为粒子的速度，c_1 和 c_2 为非负常数，称为学习因子，r_1 和 r_2 为分布于［0，1］的随机数。

学习因子 c_1 用来调节粒子向个体极值方向飞行的步长，c_2 用来调节向全局最优值方向飞行的步长。学习因子数值的确定，通常依据实际情况而定，通常不宜过大，也不宜过小。如若过小，考虑到粒子可能离目标太远，接近目标需要的时间过长，达不到期望的工作效率，如若太大，则可能会导致由于速度过大而飞过目标。在这里，为防止因学习因子选取过大或者过小而产生的不良后果，确定 c_1 和 c_2 的值相等，均为 2。

6.1.2　粒子群算法的主要参数

从粒子的更新公式（6-1）和（6-2）可以看出，粒子的移动由三个方面控制：自身原有的速度 V_{id}^{k}；自己最佳经历的距离 $P_{id}^{k}-w_{id}^{k}$；种群最佳经历的距离 $P_{gd}^{k}-w_{id}^{k}$，分别由惯性权重 ω、c_1、c_2 决定其相对重要性。

1）惯性权重 ω 表示对当前速率的保持，ω 调节的是粒子的全局和局部搜索能力。较大的惯性权重使粒子具有较强的全局搜索能力，较小的惯性权重使粒子具有较强的局部搜索能力。

2）学习因子 c_1、c_2 分别代表粒子自我学习能力和社会学习能力，即调节粒子“飞向”个体最优与群体最优的最大步长，决定粒子的种群经验和个体经验对粒子自身的影响，反映了粒子个体与个体、个体与种群之间信息的交流。

6.1.3　基本粒子群算法的缺点

随着粒子群算法研究的不断深入，人们逐渐发现粒子群优化算法不一定能找到最优解，这是因为该算法在优化过程中存在以下问题。

1）粒子群优化算法的初始集群是随机选取的，这种方法虽然可以使初始种群的粒子分布得比较均匀，但是这样个体的质量会相对较低，种群中的部分粒子有可能会远离最优解，这样的情况会在一定程度上影响到算法的效率和得到的最优解的质量。

2）粒子群优化算法在早期的搜索速度相对比较快，而且尤其是在参数的设定过大的情况出现时，有可能粒子的搜索会错过最优解，这样有可能会导致此算法出现不收敛的情况。而且即使过程是处于收敛情形下，但是由于种群中所有的粒子在固定规则的指引下，均朝着同一方向进行飞行，这样就会导致这些粒子趋向于同一化，从而降低了算法在后期的收敛速度。

3）粒子群优化算法非常容易陷入局部极值点，从而影响最优解的质量。

4）粒子群优化算法的搜索精度并不高，其相对简化的搜寻步骤虽然能让过程较快，但是相对的其精度会下降。

5）粒子群优化算法其相对高效的信息共享机制有可能会导致种群的粒子在寻找最优解时过分集中，从而使粒子均向某个全局最优解靠近，而不能使算法用于多模态函数的优化。

6）粒子群优化算法在求解带有离散变量的优化问题时，其对离散变量的取整容易导致大的误差出现。

因此，与基本粒子群算法对比，本书提出一种设计方法，改善粒子群的收敛速度、优化精度及早熟问题，并将其运用到 BP 神经网络预测模型中。

6.2 对 PSO 算法的改进

粒子群优化算法中，每个优化问题的候选解都是搜索空间中一个粒子的状态，每个粒子都对应一个由目标函数决定的适应度值，粒子的速度决定了它们飞翔的方向和距离。粒子根据自身及同伴的飞行经验进行动态调整，即粒子自身所找到的最优解和整个种群当前找到的最优解。由于粒子群优化算法中粒子向自身历史最佳位置和邻域或群体历史最佳位置聚集，形成粒子种群的快速趋同效应，容易出现陷入局部极值、早熟收敛或停滞现象[171]。为了克服上述不足，本书借鉴遗传算法中的变异思想，在粒子群优化算法中引入自适应变异算子，即对某些变量以一定的概率重新初始化。变异操作拓展了在迭代中不断缩小的种群搜索空间，使粒子能够跳出先前搜索到的最优位置，在更大的空间中开展搜索，同时保持了种群多样性，提高了算法寻优找到更优值的可能性。

6.3 改进 PSO 算法优化 BP 神经网络预测模型

6.3.1 基本思路

粒子群优化算法的基本思路为：空间中的每一个粒子，以适应度函数为标准，不断地调整自己的飞行方向和飞行速度，从而达到搜索到空间最优值的目的。粒子主要利用两个变量来更新自己：一是个体极值；二是群体极值。其中，个体极值是指每个粒子在运动过程中经过的最佳位置。群体极值是指每个粒子所在的群体曾经经过的最佳位置。在实际应用中，适应度函数的选择是建模的一个关键点。

将粒子群优化算法应用到混沌 BP 神经网络预测模型中，首先，在对实验数据进行相关的归一化处理之后，通过向相空间重构将一维的股指数据扩展到高维中（维数为嵌入维数），并利用嵌入维数等于输入层节点数这一桥梁，确定网络的拓扑结构。其次，由粒子群算法确定网络权值和阈值，主要通过将粒子变量赋值成为网络权值和阈值的矩阵，而后通过网络输出层的误差来改变粒子运动的方向和速度，最终确定网络的最佳权值和阈值组合，并以此为 BP 神经网络学习和训练的初始权值和阈值。再次，BP 神经网络利用优化后的权值和阈值对样本进行训练，当达到训练的最小均方误差，或者达到网络参数中最大训练次数后，网络停止训练。最后，利用训练好的网络对测试数据进行预测，得到最终的实验结果。

粒子群优化算法优化混沌 BP 神经网络的预测算法结构框图如图 6-1 所示。其基本思路为：①根据时间序列输入输出参数个数构建 BP 神经网络拓扑结构，随机生成一个种群粒子，并将输出误差作为适应函数，通过粒子群优化算法的优化搜索来训练神经网络的权值和阈值。②用 BP 神经网络算法对上面得到的权值和阈值组合进一步精确优化，直至搜索到最优的权值和阈值组合为止，此时得到精确的最优权值和阈值组合，神经网络利用这个最优权值和阈值组合对训练样本进行训练，当达到训练最小均方误差，或者达到网络参数中的最大训练次数后，网络停止训练。③利用训练好的网络对测试数据进行预测得到实验结果，并对实验结果进行相应的分析。

6.3.2　模型基本参数的确定

为将实验误差控制在一定范围内，在建立 PSOBP 模型前对模型所包含的各项参数进行了调整。为保证模型尽量逼近真实目标，通过认真思考与计算确定模型的实验数据，混沌时间序列的嵌入维数和时间延迟，BP 神经网络的训练函数、性能函数和传递函数等优化参数，重点要确定粒子群优化算法中粒子群的规模、粒子的维度、最大迭代次数、粒子的初始位置和初始速度等参数（图 6-1）。

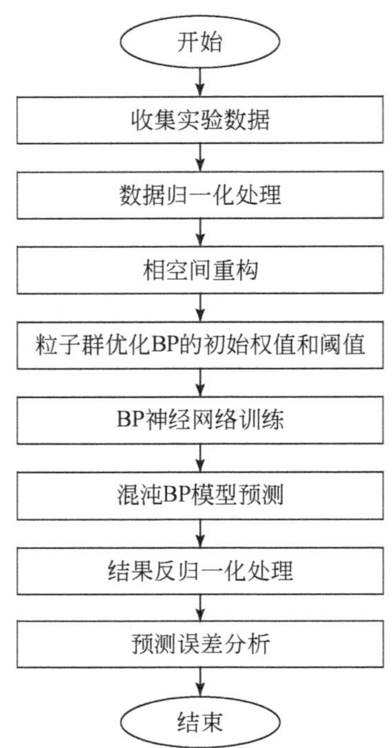

图 6-1 基于粒子群优化算法优化混沌 BP 神经网络预测模型的基本思路

(1) 实验数据、嵌入维数和时间延迟的确定

实验数据、混沌时间序列的嵌入维数和时间延迟的确定原则与第 3 章一样，故这里不再赘述。

(2) 粒子群算法中参数的确定

1）粒子群的规模：粒子群的规模是空间中粒子的总数量，它的确定依实际情况而定，粒子群规模过大则会增加运行负担，过小则达不到预期效果。为达到更好的预测效果，经过反复实验最终确定粒子的规模为 30。

2）粒子的维度：空间中的每个粒子都有自己的信息，信息的维度通常由研究对象确定。在此主要利用粒子群优化算法实现网络初始权值和阈值的优化，因此，粒子的维度应确定为权值和阈值，即将每层之间的连接权重和各层阈值的具体数值赋给粒子变量，从而完成粒子信息与网络信息之间的对应关系。设粒子的维度为 D，输入层、隐含层和输出层的节点个数分别为 a、b 和 c，则可利用式

（6-3）计算得出粒子的维度 D。

$$D=a\times b+b\times c+\text{隐含层阈值个数}+\text{输出层阈值个数} \tag{6-3}$$

因隐含层阈值个数等于隐含层神经元的个数，同时，输出层的阈值个数等于输出层神经元的个数，故变形后得到的公式为

$$D=(a+1)\times b+(b+1)\times c \tag{6-4}$$

由式（6-3）可得到粒子维度与神经网络的对应关系。按照输入层、隐含层和输出层之间的联系可将对应关系分为 4 个部分：①粒子的前 $a\times b$ 维，与输入层和隐含层之间的连接权重一一对应；②粒子的第 $a\times b+1$ 至 $a\times b+b\times c$ 维，与隐含层与输出层之间的连接权重一一对应；③粒子的第 $a\times b+b\times c+1$ 至 $a\times b+b\times c+b$ 维，与隐含层的阈值一一对应；④粒子的最后 c 维，对应输出层的阈值。

3）总迭代次数 k_{max} 和训练误差精度的确定：实验表明，只有适当地选择学习次数和误差精度，增加训练次数才能获得更佳的预测效果。如单纯地增加迭代次数而忽视误差和学习效率，则会因网络训练时间过长而导致网络的不稳定，甚至产生不可控的局面。为保证预测结果的准确性，本书确定粒子群优化的学习次数为 100，网络的训练误差标准为不得超过 0.000 01（由于典型非线性系统呈现较高的预测效果，于是在实证部分采用 0.000 000 01 的训练误差）。

4）粒子速度和位置范围的确定：为保证空间中粒子运动过程的客观性和合理性，通常需要预先设定粒子速度和位置的范围。一般区间选取过大，寻优效率则会受影响；反之则可能陷入局部最优。因此，在此将粒子的速度区间和位置区间分别设定为［-1，1］和［-5，5］。

5）学习因子 c_1、c_2 及惯性权重 ω 的设定：其中，$d=1, 2, \cdots, D$，k 为当前迭代次数，ω 为惯性权重，r_1 和 r_2 为分布于［0，1］的随机数，每次迭代随机生成；c_1 和 c_2 为学习因子。学习因子通常依据实际情况确定，不宜过大，也不宜过小。在这里，为防止因学习因子选取过大或过小而产生的不良后果，确定 c_1 和 c_2 的值相等，均为 2。

本书采用的是基本粒子群算法，因此惯性权重 ω 取 1[170]。

6.3.3　PSO 优化混沌 BP 神经网络模型的基本步骤

粒子群优化算法优化混沌 BP 神经网络模型与混沌 BP 神经网络预测模型最大的区别就在于，PSOBP 在 BP 神经网络训练前先利用粒子群优化算法寻到初始权值和阈值的最优解，在确定最佳初始权值和阈值组合之后再开始神经网络的训练，它的基本步骤如下。

第 1 步：初始化 BP 神经网络，主要是指网络结构初始化。

根据6.3.2节嵌入维数参数的确定，将网络拓扑结构确定为m-(2m+1)-1，即输入层为m，隐含层为2m+1，输出层为1。

第2步：实验数据归一化处理，主要是指根据归一化法则把数据转化为便于计算的数据。为了保持两个模型主要参量的一致性，本章采用与第3章一样的归一化法则。

第3步：数据的相空间重构，主要是指对原始数据中的训练样本和测试样本进行相空间重构。一些典型非线性系统的嵌入维数和时间延迟，都是经过研究直接确定的，如果是实际数据的混沌时间序列，需要用混沌理论中的一些方法确定。

第4步：利用粒子群优化算法优化网络的初始权值和阈值，它主要包括粒子位置和速度的初始化、适应度的计算和粒子更新位置和速度等步骤，主要功能就是迭代寻优。其过程如下：

1）初始化种群。即设定学习因子c_1和c_2、最大迭代次数k_{max}和初始化种群X，随机产生各粒子的初始位置，该位置是指每个粒子各个维度上的数值组合，它对应神经网络中输入层到隐含层、隐含层到输出层的连接权重及隐含层的阈值、输出层的阈值。初始位置是随机的。

2）评价种群X的优劣，计算粒子适应度值。模型中，粒子的适应度函数设为神经网络训练中的均方误差函数。

3）将粒子的适应值与个体极值P进行比较，如果当前值小于P，则将当前值赋给P；否则保持当前的P值；无论P值有没有变化；都需将P的位置设定为当前位置。

4）将粒子的适应值与群体极值G进行比较，如果当前值小于G，则当前粒子的矩阵下标和适应值赋给G，否则保持当前的G值。

5）调整粒子的位置与速度，得到新的粒子种群。

6）判断循环的结束条件（通常为最大迭代次数或误差标准），若满足结束条件，结束迭代，得到最优值，否则返回第2步继续搜索最优解。

第5步：BP神经网络训练，主要是指将数据信息输入到网络输入层的各个节点中，网络根据训练目标（通常用最小均方误差）以及网络训练的各项进化参数对输入数据进行训练。模型的训练过程为：将$N-1$被嵌入到高维的训练样本的每个维的数值顺序输入到输入层的每个节点中，通过前向过程得到一个输出结果，将该结果与训练目标比较，如果存在误差，立即进行反向传播过程，同时进行网络权值的修正。正向计算误差，反向进行权值修正，直到误差满足设定值。

第6步：网络输出训练和拟合值的预测与第3章的原理相同，这里不再赘述。

【附】改进 PSO 算法优化 BP 神经网络预测模型 MATLAB 源程序

```
clc
clear
close all

disp('---------PSO 算法优化 BP 神经网络的混沌时间序列多步预测---------')
% ---------------------------------------------------------------
% 产生 Logistic 混沌时间序列
lambda=4;
x=0.1;
k1=7e+3;            % 前面的迭代点数
k2=3e+3;            % 后面的迭代点数
tic;
f=zeros(k1+k2,length(lambda));
for i=1:k1+k2
    x=lambda.* x.* (1-x);
    f(i,:)=x;
end
data1=f(k1+1:end,:);
[data,mean,w]=normalize_a(data1,1);     % 归一化到均值为 0、方差为 1
% ---------------------------------------------------------------
% 相关参数入口
tau=6              % 时间延迟
m=2                % 嵌入维数
n_tr=1500;         % 训练样本数
n_te=500;          % 测试样本数
% ---------------------------------------------------------------
% 混沌序列的相空间重构(phase space reconstruction)
data=data(1:n_tr+n_te);
[xn_tr,dn_tr]=PhaSpaRecon(data(1:n_tr),tau,m);
[xn_te,dn_te]=PhaSpaRecon(data(n_tr+1:n_tr+n_te),tau,m);
% ---------------------------------------------------------------
% BP 神经网络节点个数
inputnum=m;     % 输入层数
```

```
hiddennum=2* m+1;  % 隐含层数
outputnum=1;  % 输出层数
net=newff(xn_tr,dn_tr,hiddennum);  % 构建 BP 神经网络
numsum=inputnum* hiddennum+hiddennum+hiddennum* outputnum+outputnum;%
节点总数
% ------------------------------------------------------------------
% 参数初始化
% 速度更新参数,粒子群算法中的两个参数(学习因子,范围在 0~4,常等于 2)
c1=1.49445;
c2=1.49445;
maxgen=100;  % 进化次数
sizepop=30;  % 种群规模
Vmax=1;Vmin=-1;        % 个体最大值和最小值
popmax=5;popmin=-5;  % 速度最大值和最小值
for i=1:sizepop
    % 随机产生一个种群
    pop(i,:)=5* rands(1,numsum);  % 初始化粒子
    V(i,:)=rands(1,numsum);        % 初始化速度

    % 计算粒子适应度值
    fitness(i)=fun(pop(i,:),inputnum,hiddennum,outputnum,net,xn_
tr,dn_tr);
end

% 个体极值和群体极值
[bestfitness bestindex]=min(fitness);
zbest=pop(bestindex,:);  % 全局最佳
gbest=pop;                    % 个体最佳
fitnessgbest=fitness;     % 个体最佳适应度值
fitnesszbest=bestfitness;% 全局最佳适应度值

% ------------------------------------------------------------------
% 迭代寻优
for i=1:maxgen
    i
        % 粒子位置和速度更新
    for j=1:sizepop
```

```
            % 速度更新
            V(j,:)=V(j,:)+c1* rand* (gbest(j,:)-pop(j,:))+c2* rand*
(zbest-pop(j,:));
            V(j,find(V(j,:)>Vmax))=Vmax;
            V(j,find(V(j,:)<Vmin))=Vmin;
            % 种群更新
            pop(j,:)=pop(j,:)+0.2* V(j,:);
            pop(j,find(pop(j,:)>popmax))=popmax;
            pop(j,find(pop(j,:)<popmin))=popmin;
            % 自适应变异
            pos=unidrnd(numsum);
            if rand>0.95
                pop(j,pos)=5* rands(1,1);
            end
            % 新粒子适应度值
            fitness(j)=fun(pop(j,:),inputnum,hiddennum,outputnum,net,xn_tr,
dn_tr);
        end
        % 个体极值和群体极值更新
        for j=1:sizepop
            % 个体最优更新
            if fitness(j)<fitnessgbest(j)
                gbest(j,:)=pop(j,:);
                fitnessgbest(j)=fitness(j);
            end
            % 群体最优更新
            if fitness(j)<fitnesszbest
                zbest=pop(j,:);
                fitnesszbest=fitness(j);
            end
        end
        yy(i)=fitnesszbest;  % 每代最优值记录到 yy 数组中
    end
    x=zbest;
    % ---------------------------------------------------------------
    % 结果分析
    plot(yy)
```

```
title(['适应度曲线  ''终止代数='num2str(maxgen)]);
xlabel('进化代数');ylabel('适应度');
% --------------------------------------------------------------------
% 把最优初始权值和阈值赋予 BP 网络预测模型
w1=x(1:inputnum* hiddennum);
B1=x(inputnum* hiddennum+1:inputnum* hiddennum+hiddennum);
w2=x(inputnum* hiddennum+hiddennum+1:inputnum* hiddennum+hiddennum
+hiddennum* outputnum);
B2=x(inputnum* hiddennum+hiddennum+hiddennum* outputnum+1:inputnum
* hiddennum+hiddennum+hiddennum* outputnum+outputnum);
net.iw{1,1}=reshape(w1,hiddennum,inputnum);
net.lw{2,1}=reshape(w2,outputnum,hiddennum);
net.b{1}=reshape(B1,hiddennum,1);
net.b{2}=B2;
% --------------------------------------------------------------------
% 粒子群算法优化的 BP 网络预测模型训练
net.trainParam.epochs=100;    % 最大训练次数
net.trainParam.lr=0.01;       % 学习率
% net.trainParam.goal=0.00001;
[net,per2]=train(net,xn_tr,dn_tr);% 网络训练
% --------------------------------------------------------------------
% 多步预测
n_pr=100;         % 预测步数
xn_te=xn_te(:,1:n_pr);
dn_te=dn_te(:,1:n_pr);
dn_pr=sim(net,xn_te);
dn_pr=dn_pr/w+mean;       % 预测值反归一化
dn_te=dn_te/w+mean;       % 预测值反归一化
% --------------------------------------------------------------------
% 误差计算
err2=dn_pr-dn_te;
err_mse2=sqrt(sum(err2.^2)/length(err2))
err_mse3=(sum(abs(err2'))/length(err2))
Perr=sum(err2.^2)/sum(dn_te.^2)      % 预测相对误差
% Perr2=err_mse2/var(x)
toc;
% --------------------------------------------------------------------
```

```
% 结果显示
figure;
subplot(211)
plot(n_tr+1:n_tr+n_pr,dn_pr,'r* -',n_tr+1:n_tr+n_pr,dn_te,'b.-');grid;
% axis([n_tr,n_tr+n_pr,-.5,1.5]);
xlabel('n','FontSize',14);
title('Real value and predicted value ofLogistic','FontSize',16);
ylabel('Real/Predicted value','FontSize',14)
legend('MPSOBP predicted value','Real value','FontSize',15);
subplot(212)
plot(n_tr+1:n_tr+length(err2),dn_te-dn_pr,'k');grid;
axis([n_tr,n_tr+n_pr,-2.0,2.0]);
title('Forecasting absolute error ofLogistic','FontSize',16)
xlabel('n','FontSize',16);
ylabel('err','FontSize',16);
```

6.4　在典型混沌时间序列中的应用

6.4.1　实验条件

在 MATLAB 2009b 环境下，采用 MATLAB 语言编写算法计算程序，并应用 MATLAB 神经网络工具箱构建了 3 种预测模型，即改进 PSO 算法优化 BP 神经网络预测模型（MPSOBP 模型）、PSO 算法优化 BP 神经网络预测模型（PSOBP 模型）和一般 BP 神经网络预测模型（BP 模型）。对 3 种典型的非线性混沌系统（Logistic、Henon、Lorenz）时间序列，进行单步预测对比实验[172]。实验所采用的 3 种典型非线性系统参数、归一化和预测精度评测标准与 3.5.1 节相同。

实验中，BP 神经网络采用 m-$(2m+1)$-1 结构，其参数设置为：训练次数取 100，训练目标取 0. 000 01，学习率取 0.01，粒子群算法参数设置为：种群规模取 30，进化代数取 100 次，学习因子取 $c_1=c_2=1.494\ 45$，自适应变异算子变异概率取 $P_m=0.01\sim0.05$，粒子位置和速度取值区间分别为 [−5，5] 和 [−1，1]。

6.4.2　实证结果及分析

取混沌时间序列前 1500 个样本为训练样本、后 1000 个样本为预测检验样本进行一步预测仿真实验。为测试预测方法的准确性，取不同数量的训练样本进行实验。图 6-2 ~ 图 6-4 分别给出了训练样本为 1500、预测样本为 100 时的 3 种混沌时间序列的预测结果。表 6-1 给出了不同数量训练样本时 3 种混沌时间序列预测的平均绝对误差 MAE 和相对误差 Perr。

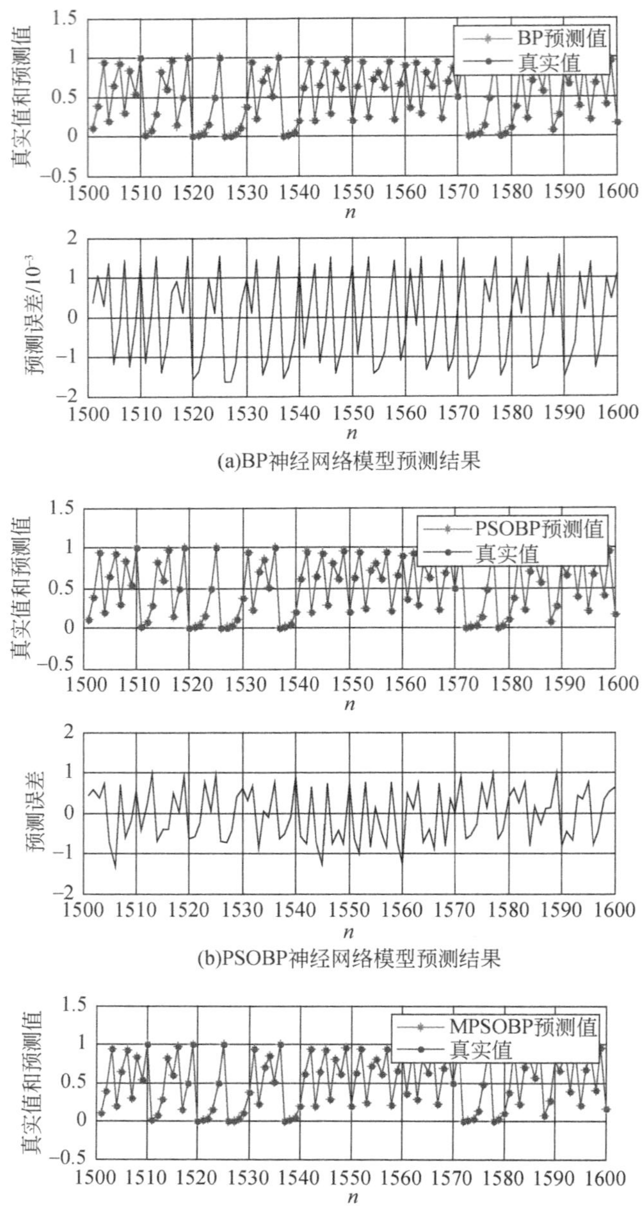

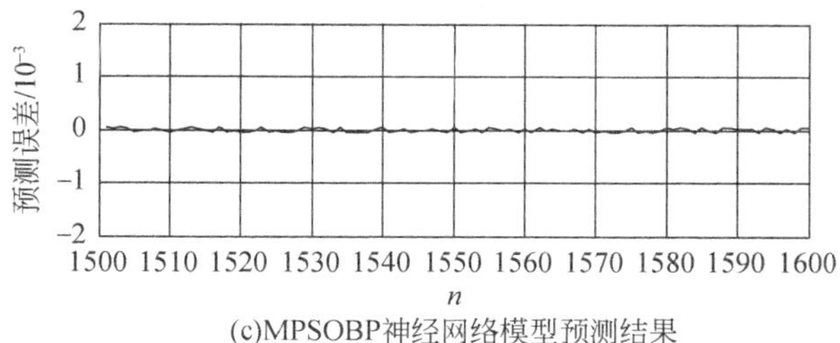

(c)MPSOBP神经网络模型预测结果

图 6-2　Logistic 混沌时间序列预测结果

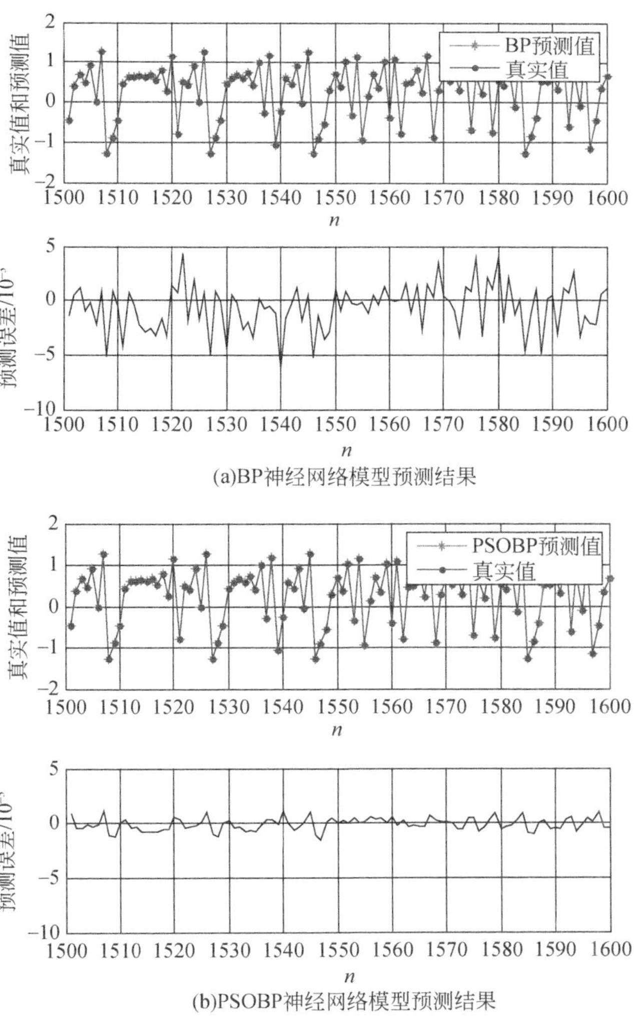

(b)PSOBP神经网络模型预测结果

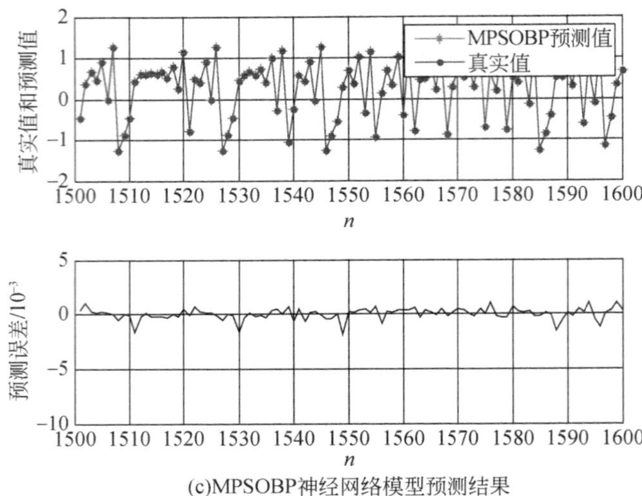

(c)MPSOBP神经网络模型预测结果

图 6-3 Henon 混沌时间序列预测结果

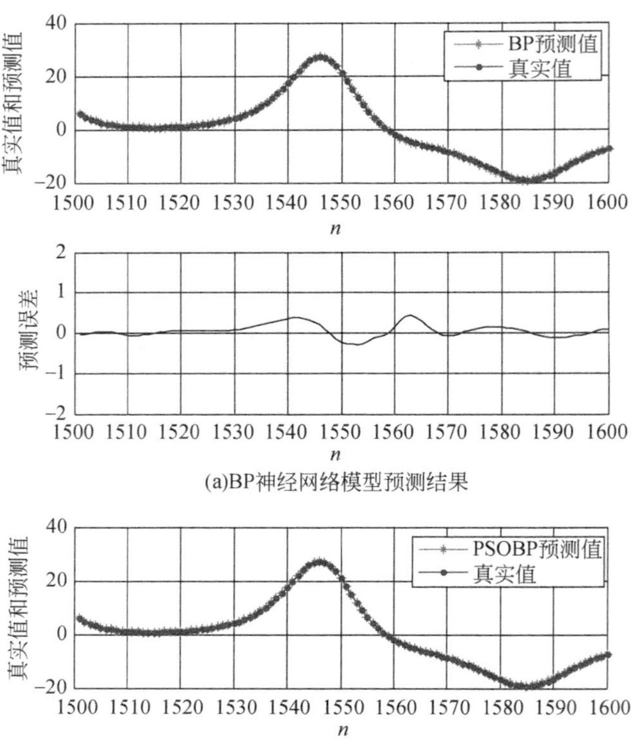

(a)BP神经网络模型预测结果

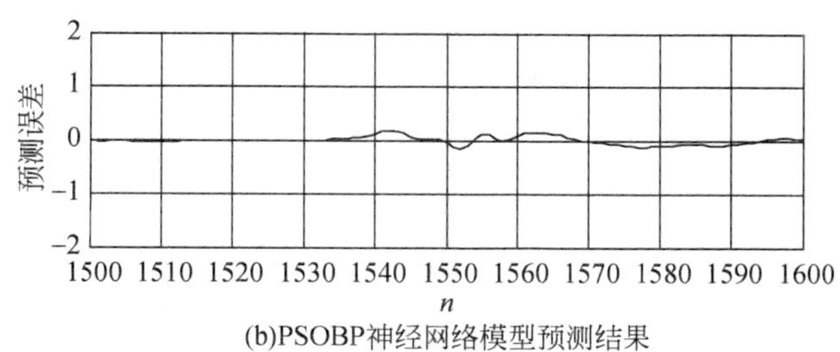

(b)PSOBP神经网络模型预测结果

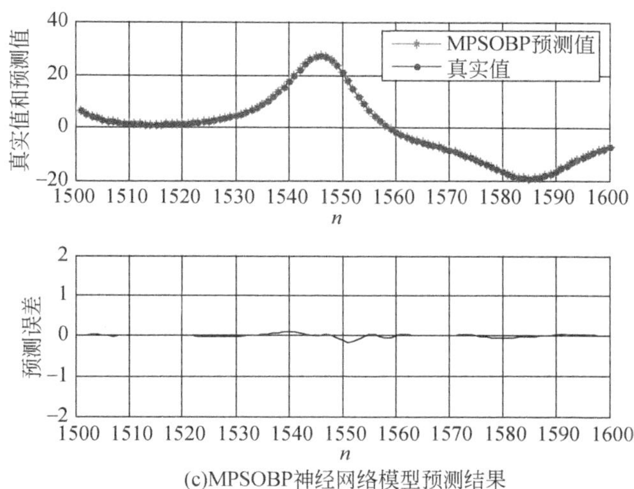

(c)MPSOBP神经网络模型预测结果

图 6-4　Lorenz 混沌时间序列预测结果

表 6-1　3 种典型混沌时间序列不同数量训练样本的预测误差

系统		Logistic			Henon			Lorenz		
训练样本数		1500	1000	500	1500	1000	500	1500	1000	500
预测样本数		100	100	100	100	100	100	100	100	100
MAE	BP	9.6543×10^{-4}	9.8492×10^{-4}	0.0010	0.0017	0.0018	0.0018	0.1235	0.0995	0.0965
	PSOBP	5.8079×10^{-4}	2.7549×10^{-4}	2.9771×10^{-4}	4.7436×10^{-4}	3.8860×10^{-4}	3.6751×10^{-4}	0.0527	0.0506	0.0843
	MPSOBP	2.8569×10^{-5}	1.3390×10^{-4}	9.3267e−005	2.6776×10^{-4}	1.9336×10^{-4}	1.0540×10^{-4}	0.0262	0.0345	0.0543

续表

系统		Logistic			Henon			Lorenz		
训练样本数		1500	1000	500	1500	1000	500	1500	1000	500
预测样本数		100	100	100	100	100	100	100	100	100
Perr	BP	3.1293×10^{-6}	3.4755×10^{-6}	3.5251×10^{-6}	8.7744×10^{-6}	8.4019×10^{-6}	9.1031×10^{-6}	1.8635×10^{-4}	1.0201×10^{-4}	1.1719×10^{-4}
	PSOBP	1.1002×10^{-6}	2.5675×10^{-7}	3.0434×10^{-7}	5.8709×10^{-7}	4.5928×10^{-7}	4.0940×10^{-7}	3.3763×10^{-5}	3.4766×10^{-5}	8.5031×10^{-5}
	MPSOBP	2.7757×10^{-9}	5.8793×10^{-8}	3.1195×10^{-8}	1.8308×10^{-7}	9.9365×10^{-8}	2.8730×10^{-8}	1.0743×10^{-5}	1.9317×10^{-5}	3.4805×10^{-5}

从图 6-2 ~ 图 6-4 和表 6-1 可以看出，3 种预测模型的预测结果都能够很好地反映 3 种混沌时间序列的变化趋势和规律，且 MPSOBP 模型的预测精度远远高于 PSOBP 模型和 BP 模型，说明 MPSOBP 预测模型对混沌时间序列的预测是有效的。从表 6-1 还可以看出，对于不同的混沌时间序列，MPSOBP 模型的预测精度不同，同一混沌时间序列，训练样本数量不同，MPSOBP 模型的预测精度也不同。这说明 MPSOBP 模型和 BP 模型一样，其预测效果不仅与训练样本数量有关，还与混沌时间序列本身有关。

针对 BP 神经网络预测存在局部极小缺陷和收敛速度慢的问题，在 PSO 算法中引入自适应变异算子，提出了一种基于改进 PSO 算法优化 BP 神经网络的混沌时间序列预测方法。将其应用于 3 种典型非线性混沌时间序列预测，并与 PSO 算法优化 BP 神经网络预测模型和一般 BP 神经网络预测模型进行了比较。结果表明：该方法降低了 BP 神经网络预测模型陷入局部极小值的可能，提高了模型收敛速度。相对于 PSOBP 预测模型和 BP 预测模型，该方法对混沌时间序列具有更好的非线性拟合能力和更高的预测精度。

6.5 实证分析

6.5.1 在股票指数预测中的应用

(1) 实验条件

为便于与第 4 章的模型进行比较，本章实证部分选取了 3 组与第 4 章实证部分相同的训练样本，即训练样本数量分别 400、600、800、1000 和 1200，共 5 组数据。利用所选择的训练样本对该网络进行训练，不同数量的样本训练后得到不同的上证综合指数收盘数的预测值与真实值曲线（横坐标为预测天数，纵坐标为上证综合指数收盘数的预测值与真实值）以及预测绝对误差曲线（横坐标为交易日天数，纵坐标为预测的绝对误差）。结果如图 6-5 所示。

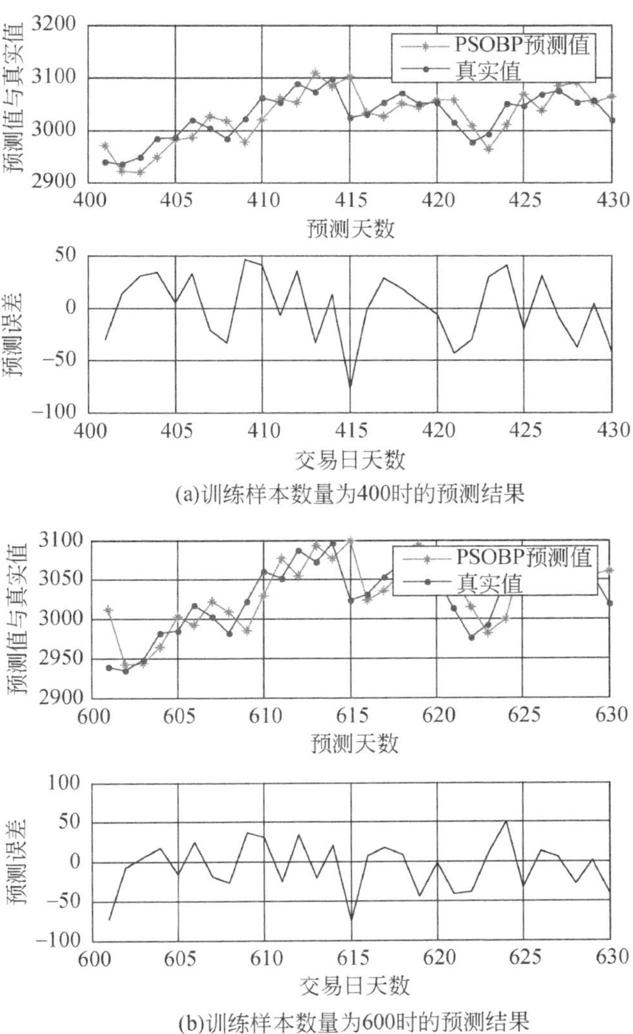

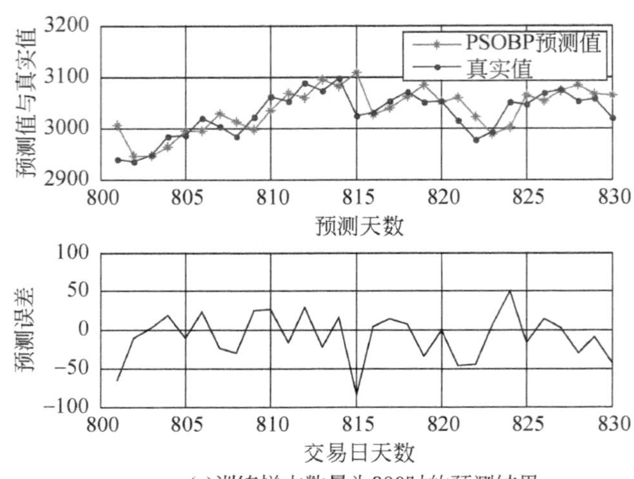

(c)训练样本数量为800时的预测结果

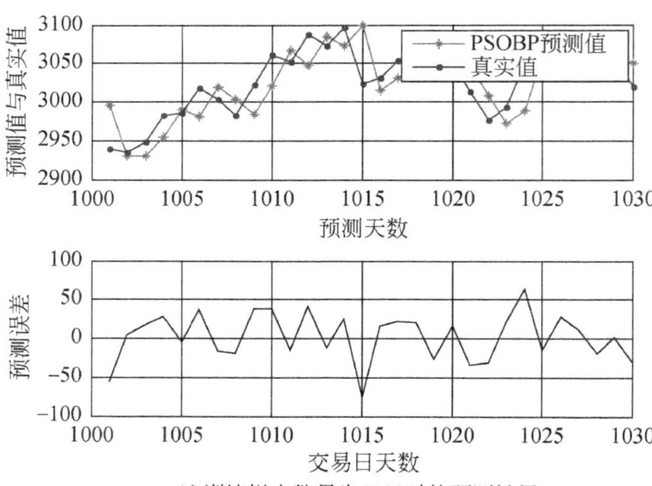

(d)训练样本数量为1000时的预测结果

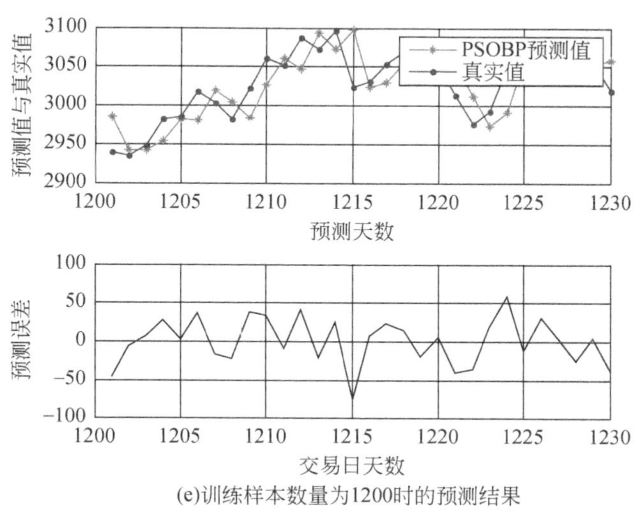

(e)训练样本数量为1200时的预测结果

图 6-5　PSO BP 上证综合指数模型不同训练样本数量条件下的预测结果

(2) 结果分析

为了更好地分析实验结果，对实验结果进行统计列于表 6-2。

表 6-2　PSO BP 上证综合指数与 BP 上证综合指数预测结果对比

系统		上证综合指数				
训练样本数		400	600	800	1000	1200
预测样本数		30	30	30	30	30
MAE	BP	29.7569	25.5720	25.5884	26.2238	25.2378
	PSOBP	26.8314	25.8457	24.5441	25.1303	24.0441
Perr	BP	1.3607×10^{-4}	1.0805×10^{-4}	1.0208×10^{-4}	1.0609×10^{-4}	1.0240×10^{-4}
	PSOBP	1.0753×10^{-4}	1.1221×10^{-4}	1.0056×10^{-4}	1.0153×10^{-4}	9.8025×10^{-5}

总体来看，模型对于实测上证综合指数数据的预测能力没有典型非线性系统那么明显，但是，在 400、600、800、1000 和 1200 这 5 个实测数据的预测结果中，除了样本数量为 600 外，其他 4 组的预测误差都有所下降，且随着训练样本数量的不断增加，模型的预测误差越来越小。总体上说，实验仿真达到了预期的结果，证实了基于 PSO 优化混沌 BP 神经网络的预测模型具有可靠性，其预测效果比没有引入 PSO 算法的混沌 BP 神经网络预测模型要好，这给解决股市预测问

题提供了一个非常重要的参考。

通过对比实验发现，基于 PSO 优化混沌 BP 神经网络的预测模型的预测精度，从整体上说，比混沌 BP 神经网络模型要高。

6.5.2 在城市交通流预测中的应用

(1) 实验条件

在 MATLAB 2009b 环境下，采用 MATLAB 语言编写算法计算程序，并应用 MATLAB 神经网络工具箱构建了 3 种预测模型，分别是：改进 PSO 算法优化 BP 神经网络预测模型（MPSOBP 模型）、PSO 算法优化 BP 神经网络预测模型（PSOBP 模型）模型和一般 BP 神经网络预测模型（BP 模型）[173]。对于同一实测交通流时间序列，进行交通量预测对比实验。

实验中的交通流时间序列数据按式（3-26）处理成均值为 0、振幅为 1 的归一化时间序列，并对归一化时间序列进行相空间重构。

实验采用 m-$(2m+1)$-1 三层 BP 神经网络结构，m 为相空间重构嵌入维数取 5，BP 神经网络参数设置为：训练次数取 100，训练目标取 0.000 01，学习率取 0.01，粒子群算法参数设置为：种群规模取 30，进化代数取 100 次，学习因子取 $c_1=c_2=1.494\ 45$，自适应变异算子变异概率取 $P_m=0.01\sim0.05$，粒子位置和速度取值区间分别为［−5，5］和［−1，1］。

(2) 实证分析

仿真实验中的短时交通流数据使用 3.5.2 节中北京四环路交通检测器数据，并采用相同的数据处理方法。图 6-6 给出了训练样本为 1200、预测样本为 30 时的 3 种预测方法的预测结果。表 6-3 给出了 3 种预测模型在不同数量训练样本条件下 30 个预测样本的预测平均绝对误差 MAE 和相对误差 Perr。

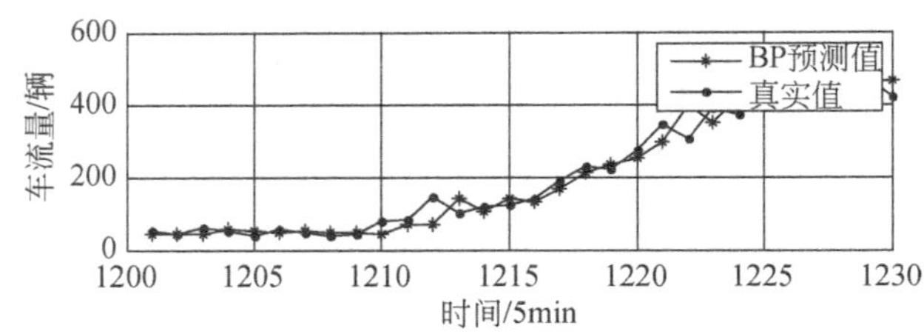

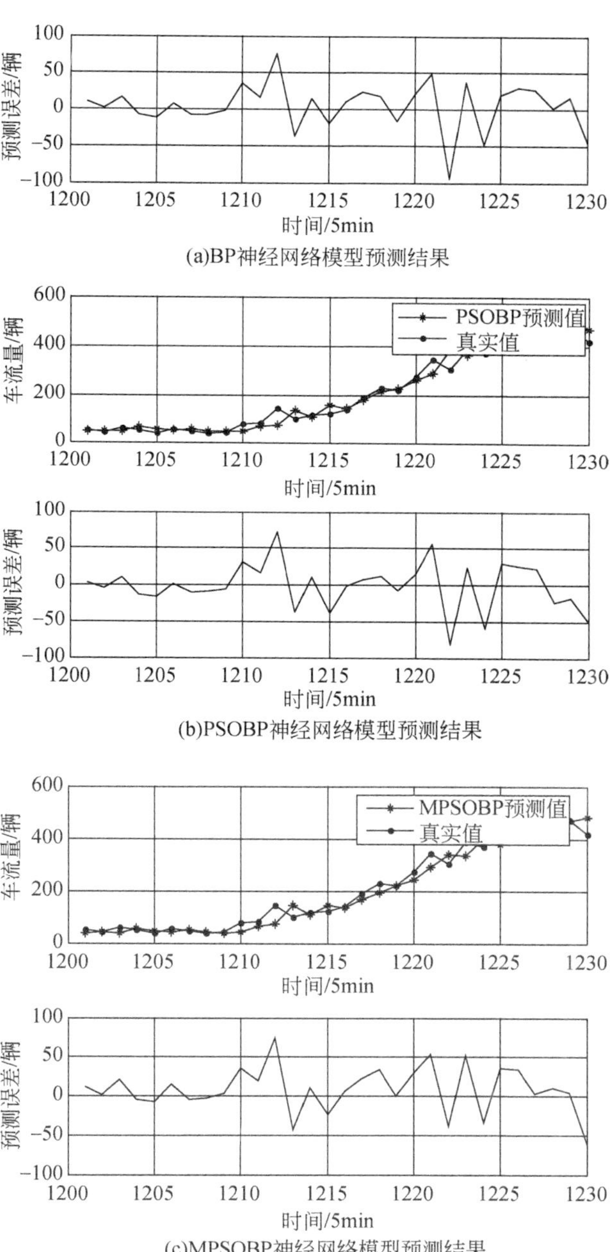

图6-6　实测交通流时间序列预测结果

从图 6-6 和表 6-3 可以看出，3 种预测模型的预测结果都能够很好地反映交通流量变化的趋势和规律，且 MPSOBP 模型的预测精度高于 PSOBP 模型和 BP 模型，说明 MPSOBP 预测模型对实测交通流的预测是有效的。从表 6-3 还可以看出，训练样本越少，MPSOBP 模型的预测精度相对 PSOBP 模型和 BP 模型提高得越多，这对短时交通流实现小样本预测具有重要意义。

表 6-3 实测交通流时间序列不同训练样本的预测误差

训练样本数		1200	1000	800	600	400
预测样本数		30	30	30	30	30
MAE	BP 模型	24. 1353	25. 5804	34. 2720	31. 1454	37. 6787
	PSOBP 模型	25. 4632	26. 5499	29. 0602	30. 5280	33. 0644
	MPSOBP 模型	22. 7096	23. 5779	26. 2551	23. 4968	28. 1463
Perr	BP 模型	0. 0150	0. 0158	0. 0365	0. 0263	0. 0364
	PSOBP 模型	0. 0144	0. 0158	0. 0216	0. 0258	0. 0305
	MPSOBP 模型	0. 0134	0. 0136	0. 0164	0. 0130	0. 0204

从上述结果可以看出，MPSOBP 方法降低了 BP 神经网络预测模型陷入局部极小值的可能，提高了模型收敛速度。相对于 PSOBP 预测模型和 BP 预测模型，该方法对实测交通流具有更好的非线性拟合能力和更高的预测精度。

第7章　混沌时间序列的SVM预测方法

机器学习方法自诞生至今一直是现代智能方法的研究热点。传统的机器学习方法期望能够从无穷大的样本数据中找到预测未来数据的规律。可是，由于各种因素的影响，样本数据的完整获取往往是不可能实现的，所以传统机器学习的预测精度也就大打折扣。20世纪六七十年代诞生的统计学理论，是与其他机器学习不同的一种新的机器学习理论。1963年，Vapnik带领AT&TBell实验室的成员提出了一种现今广泛使用在处理回归问题（时间序列分析）、分类问题和模式识别问题，并且经过发展已经推广应用到预测以及综合评价等领域的技术，那就是支持向量机[174]。支持向量机是和统计学理论分不开的，所以在学习支持向量机之前首先要对统计学理论的基本知识有一个大致的了解。

7.1　统计学习理论

7.1.1　经验风险最小化

机器学习的过程就是通过某种运算方法，根据给定的样本数据将这种预算方法的输入和输出的关系表示出来，并根据这个关系对其他的数据进行预测。机器学习的数学表达式如下[175]。

以下是m个独立同分布的观测样本：

$$(x_1,\ y_1),\ (x_2,\ y_2),\ \cdots,\ (x_m,\ y_m) \tag{7-1}$$

式中，$x_i \in R^n$，$y_i \in R$，$i=1,\ 2,\ \cdots,\ m$。

设S为函数集，c为损失函数，选定函数$f(x)\in S$，使

$$R(f)=\int \frac{1}{2}c(x,\ y,\ f(x))\mathrm{d}P(x,\ y) \tag{7-2}$$

达到最小。在式（7-2）中，$P(x,\ y)$是概率分布函数，其具体形式未知。$f(x)$是决策函数；$c(x,\ y,\ f(x))$是损失函数，是$f(x)$对y进行预测得出的损失函数；$R(f)$是期望风险。当求得一个决策函数以后，推导出一个新的输入所对应的输出，称其为推广。

我们所要做的就是使得式（7-2）中期望风险 $R(f)$ 最小，这也是机器学习所要达到的目的。但已知可以研究的信息只有训练样本数据，要仅仅根据这些训练样本数据来寻找使得期望风险达到最小的假设 f 的运算方法是做不到的。然而可以根据训练集计算出 f 在这些样本上的偏差，通过训练集上的经验风险选择 f。经验风险的数学表达式如下。

在给定的训练集 $T=\{(x_i,\ y_i),\ i=1,\ 2,\ \cdots,\ m\}$ 中，$x_i\in R^n$，$y_i\in\{+1,\ -1\}$，$i=1,\ 2,\ \cdots,\ m$，损失函数记作 c，则假设 f 对应的经验风险如下[175,176]：

$$R_{\mathrm{emp}}(f)=\frac{1}{m}\sum_{i=1}^{m}c(x_i,\ y_i,\ f(x_i)) \tag{7-3}$$

经验风险最小化的原则就是在假设集 $S=\{f:\ x\in R^n\rightarrow y\in\{+1,\ -1\}\}$ 中，找到一个使得经验风险 $R_{\mathrm{emp}}(f)$ 达到最小值的 f。

虽然经验风险最小化经常被人们使用，但是它也存在以下缺点。第一，通过“经验最小化”这个名字可以看出，这是一个根据经验得到的方法，也就是说在选用 f 时，只是简单地用经验风险 $R_{\mathrm{emp}}(f)$ 来代替期望风险 $R(f)$，其过程没有经过严格的证明。第二，经验风险最小化经常存在一个问题，那就是“过学习”的问题。因为误差越小不一定是推广（预测）能力越高，有时候会导致推广（预测）能力下降。

7.1.2 VC 维

由 7.1.1 节可以得出，要寻找合适的 f，就要选择合适的假设集 S。这个 S 就是我们常说的 VC 维。VC 维是在统计学理论中为了研究学习过程一致收敛的速度和推广（预测）性，所定义的一系列有关函数学习性能指标中最重要的一个[177,178]。

VC 维的直观定义是[178,179]：对一个假设集 S，如果存在 h 个样本能够被假设集 S 中的函数按所有的 2^h 种形式分开，则称假设集 S 能够把 h 个样本打散，假设集 S 的 VC 维就是它能打散的最大样本数目 h。若对任意数目的样本都有这样一个函数能将它们打散，则函数集的 VC 维是无穷大。VC 维反映了函数集的学习能力，VC 维越大则学习机器越复杂（容量越大）。遗憾的是，目前尚没有通用的关于任意函数集 VC 维计算的理论，只有一些特殊的函数集知道其 VC 维。例如，在 n 维实数空间中线性分类器和线性实函数的 VC 维是 $n+1$。对于一些比较复杂的学习机器（如神经网络），其 VC 维除了与函数集（神经网络）有关外，还受学习算法等的影响，其确定更加困难。对于给定的学习函数集，如何（用理论或实验的方法）计算其 VC 维是当前统计学习理论中有待研究的一个问题。

简而言之，VC 维描述了组成学习模型的函数集合的容量，在概念上被认为是完全拟合一个模型所需数据向量的最大数量，即刻画了函数集合的学习能力。VC 维越大，函数集合越大，其相应的学习能力就越强。

7.1.3　推广的界

推广的界是统计学习理论中一个重要的结论。它反映的是在各种类型的函数集中经验风险和期望风险之间的关系。根据 VC 维的概念，Vapnik 证明，对于假设集 S 中所有的函数，经验风险 $R_{emp}(f)$ 和期望风险 $R(f)$ 至少以 $1-\eta$ 这样一个概率使下式成立[176]：

$$R(f) \leqslant R_{emp}(f) + \sqrt{\frac{h(\ln(2m/h)+1)-\ln(\eta/4)}{m}} \tag{7-4}$$

式中，h 是假设集 VC 的维，m 是样本数，η 是 $0 \leqslant \eta \leqslant 1$ 的参数。

在式（7-4）中左边是期望风险，右边第一项是经验风险，第二项是置信范围，这两项之和就是期望风险的一个上界。从式中可以看出置信范围受到 VC 维数和训练样本数的影响。置信范围和 m/h 成反比，当 m/h 增大时，置信范围就会减少。我们的目的是选择合适的 f，当假设集 S 越大时，选择合适 f 的概率越高，这样 $R_{emp}(f)$ 的取值就会越小。可是由于集合 S 的 VC 维越大，置信空间也随之变大，这就导致期望风险和经验风险的偏差越大。在这种矛盾的情况下我们既要使得经验风险最小，还要使得 VC 维最小，以使未来样本有较好的推广能力，所以我们引入了结构风险最小化的概念。

7.1.4　结构风险最小化

从上面的分析中我们可以知道，经验风险和置信范围这两部分内容是实际风险的组成部分。若要使得实际风险达到最小需要经验风险和置信范围两者的和最小。但是经验风险随着 VC 维 h 的增大而减小，置信范围却随着 h 的增大而增大。所以统计学理论在此基础上提出了一种新的解决方法，就是折中考虑两者的关系，使实际风险达到最小，这就是结构风险最小化[174]。其详细描述如下：

首先把函数集 S 分解成一个个子集序列，为了使同一个子集的置信范围相同，可按照 VC 维的大小排列如下：

$$S_1 \subset S_2 \subset \cdots \subset S_k \subset S_n \subset \cdots$$

其次，在每个子集中寻找最小的经验风险，如图 7-1 所示。

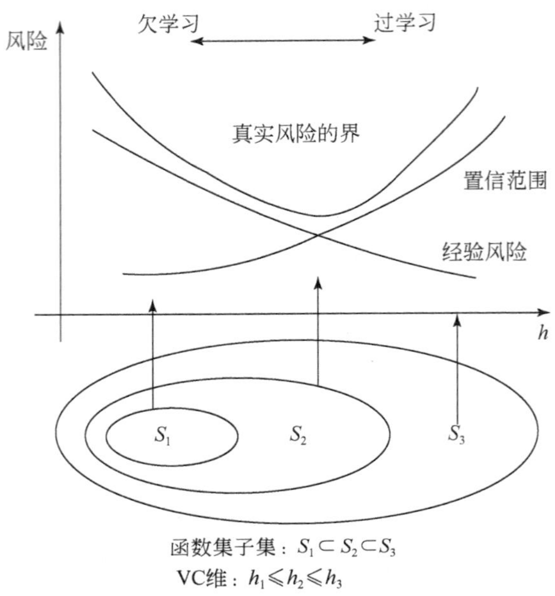

图 7-1 结构风险最小化示意图

实现结构风险最小化有两种方法可以考虑：第一就是在每个子集中求取最小经验风险后再选择它与置信范围和的最小子集。这种方法思路简单但是运算复杂，当子集数目很大时运算就会因为太复杂而变得不可行。第二是设计函数集的某个结构，使每个子集中都能取得最小的经验风险，然后只需选择适当的子集使置信范围最小，则这个子集中使经验风险最小的函数就是最优函数。支持向量机就是这一思想的体现。

7.2 支持向量机

7.2.1 支持向量机的原理

支持向量机[174,180]最初应用于数据分类问题。在数据分类中，对于线性可分的分类问题，支持向量机考虑寻找一个满足分类要求的超平面，使训练集中的点距离分类平面尽可能的远，也就是寻找一个分类平面使它的间隔（margin）最大。在图 7-2中，实心点和空心点代表两类样本，H_1 为把两类样本正确分开的分

类面；H_2、H_3分别为通过各类样本中离分类平面最近的点且平行于分类平面的平面。分类平面方程为 $x \cdot w+b=0$，对它归一化，使对线性可分样本集（x_i，y_i），$i=1$，…，n，$x \in R^d$，$y \in \{+1, -1\}$，满足：$y_i[(w \cdot x_i)+b]-1 \geqslant 0$，$i=1$，2，…，$n$，这样分类间隔就是 $2/\|w\|$，若要分类间隔最大，使 $\|w\|$ 最小即可。使 $\|w\|$ 最小的分类平面就是最优分类平面，H_1、H_3 上的训练样本就是支持向量。

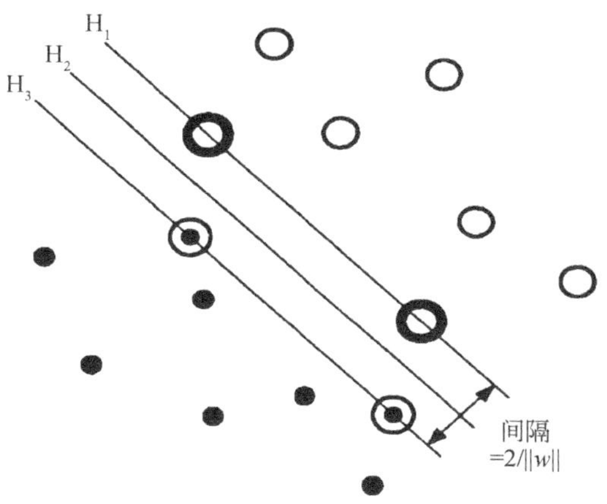

图 7-2　最优超平面图

根据统计学习理论，上述线性可分问题可描述成如下一个具有不等式约束的二次规划问题：

$$Q(\alpha)=\sum_{i=1}^{n}\alpha_i-\frac{1}{2}\sum_{i,j=1}^{n}\alpha_i\alpha_j y_i y_j(x_i \cdot x_j)$$

$$\begin{cases}\sum_{i=1}^{n} y_i\alpha_i=0 \\ \alpha \geqslant 0 \qquad (i=1, \cdots, n)\end{cases} \tag{7-5}$$

因此存在唯一解，最优分类函数可表示为

$$f(x)=\operatorname{sgn}\{(w \cdot x)+b\}=\operatorname{sgn}\left(\sum_{i=1}^{n}\alpha_i y_i(x_i \cdot x)+b\right) \tag{7-6}$$

式中，α_i 是式（7-5）的解；b 是分类阈值，可由任意两个支持向量求得。

对于线性不可分情况，考虑采用最小错分样本和最大分类间隔。对于非线性问题，可通过非线性映射到高维空间，将非线性问题转化为线性问题。根据 Hilbert-Schmidt 原理，只要核函数 $K(x_i, x_j)$ 满足 Mercer 条件，对于非线性最优分类可表示为

$$f(x)=\operatorname{sgn}\left(\sum_{i=1}^{n}\alpha_i y_i K(x_i,\ x_j)+b\right) \tag{7-7}$$

支持向量机方法同样可以应用于回归函数估计问题，其思路类似于模式识别的思路。支持向量机函数估计的原理如下。

假设提供的训练样本集为（x_i，y_i），$i=1$，…，n，$x\in R^d$，$y\in R$，求回归函数：

$$y=f(x)=(w\cdot x)+b \tag{7-8}$$

式中，（·）是内积，$w\in R^d$，$b\in R$。根据结构风险最小化原则，函数f（·）应使得下式成立：

$$\min\left\{\frac{1}{2}\|w\|^2+C\sum_{i=0}^{l}L(f(x_i),\ y_i)\right\} \tag{7-9}$$

式中，C 为惩罚因子，$L(\cdot)$ 为损失函数，损失函数 $L(\cdot)$ 通常采用 ε 不敏感区损失函数，其定义如下：

$$L(f(x_i),y_i)=\begin{cases}0 & |f(x_i)-y_i|<\varepsilon\\ |f(x_i)-y_i|-\varepsilon & \text{其他}\end{cases} \tag{7-10}$$

在定义了 ε 不敏感区损失函数后，引入松弛变量 ξ_i、ξ_i^*，则式（7-9）表示的优化问题可以用如下优化来等价。

$$\min\left\{\frac{1}{2}\|w\|^2+C\sum_{i=1}^{l}(\xi_i+\xi_i^*)\right\} \tag{7-11}$$

$$\text{s. t.}\begin{cases}y_i-f(x_i)\leqslant\varepsilon+\xi_i\\ f(x_i)-y_i\leqslant\varepsilon+\xi_i^*\\ \xi_i,\xi_i^*\geqslant 0\end{cases} \tag{7-12}$$

采用 Lagrange 乘数方法解决此约束最优问题，构造 Lagrange 方程[174]。

$$\begin{aligned}L(w,\ \xi_i,\ \xi_i^*)=&\frac{1}{2}\|w\|^2+C\sum_{i=1}^{l}(\xi_i+\xi_i^*)\\&-\sum_{i=1}^{l}\alpha_i(\varepsilon+\xi_i-y_i+\langle w,\ x_i\rangle+b)\\&-\sum_{i=1}^{l}\alpha_i^*(\varepsilon+\xi_i^*+y_i-\langle w,\ x_i\rangle-b)\\&-\sum_{i=1}^{l}(\eta_i\xi_i+\eta_i^*\xi_i^*)\end{aligned} \tag{7-13}$$

式中，α_i，α_i^*，η_i，$\eta_i^*\geqslant 0$，为 Lagrange 乘数；$i=1$，2，…，k。支持向量机建模最终归结为一个二次规划问题。先求全局最优解 α_i 和 α_i^*，进而求出 b。这样回归问题就变为

$$f(x) = \sum_{i=1}^{\mathrm{nsv}} (\alpha_i - \alpha_i^*) K(x_i, x_j) + b \tag{7-14}$$

式中，nsv 为支持向量的个数；$(\alpha_i-\alpha_i^*)$ 为对应支持向量的系数；b 为阈值，可由任意两个支持向量求解。在形式上 SVM 输出的是中心节点的线性组合，每个中心节点对应于一个支持向量，如图 7-3 所示。

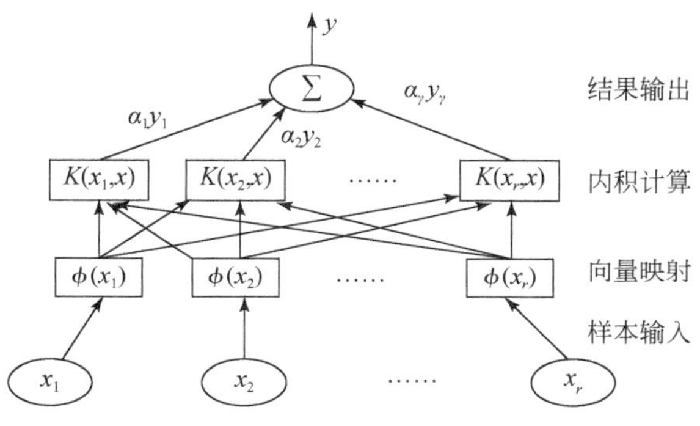

图 7-3　SVM 结构图

7.2.2　核函数的选择

核函数的选取是支持向量机运算中的重要环节，因为核函数是解决维数灾难的关键。在高维空间中点积数目庞大无法计算，只有通过选择合适的核函数将点积转化为低维空间核函数计算，才能解决高维运算带来的难题。核函数有以下几种类型[174,180]。

1）多项式核函数：$K(x, y)=[(x, y)+1]^q$，

2）径向基核函数：$K(x, y)=\exp(-\gamma \| x-y \|^2)$，

3）傅里叶核函数：$K(x, y)=\dfrac{1-q^2}{2(1-2q\cos(x-y))+q^2}$，

4）Sigmoid 函数：$K(x, y)=\tanh(K(x, y)+\theta)$。

不同的核函数使用的分布类型不同，在选择核函数时要尽量选择能够反映训练样本数据分布特征的核函数。RBF 核函数可以适应任意的核函数，并在多次的实验中表现出良好的性能，从而被人们广泛使用。在本书中也选择使用 RBF 核函数。

7.2.3 支持向量机的预测模型

基于支持向量机的混沌时间序列预测方法如下。[181]

给定一组时间序列为 $\{x_1, x_2, \cdots, x_N\}$，若已知 $x(t)$ 来预测 $x(t+1)$，则以下映射成立 f：$R^m \to R$：

$$\hat{x}(t+1)=f\{x[t-(m-1)\tau],\cdots,x(t-\tau),x(t)\} \tag{7-15}$$

假设输出的时间间隔是 τ，得到的输出时间序列为

$$t(0),t(\tau),\cdots,t(i\tau),\cdots,t((n-1)\tau) \tag{7-16}$$

该输出序列也是对未来进行预测的输入序列。而由 n 时刻的前 m 个值预测第 n 个值的问题可以表示为寻找如下对应关系 f 的问题：

$$t_n=f(t_{n-1},t_{n-2},\cdots,t_{n-m}) \tag{7-17}$$

t_i 是 $t(i\tau)$ 的缩写形式。在训练模型时，组成如下训练样本对：输入（t_1，t_2，…，t_m）对应某一时刻的输出为（t_{m+1}），（t_2，t_3，…，t_{m+1}）对应输出为（t_{m+2}），并由此类推，由 l 个训练样本可以建立 $l-m$ 个训练样本对。当模型训练完成以后，对未来值第一步的预测形式为

$$t_{n+1}^*=f(t_n,t_{n-1},\cdots,t_{n-m+1}) \tag{7-18}$$

第二步预测为

$$t_{n+2}^*=f(t_{n+1},t_n,t_{n-1},\cdots,t_{n-m+2}) \tag{7-19}$$

后续各步预测依此类推，形成多步预测。t_i 为第 i 段时间内的真实值，t_i^* 为第 i 段时间内的预测值。在某些情况下，如对于缓变信号，其预测时间段之间的时间间隔较长，当进行第二步预测时，第一步预测的真实值就已经知道了，在式中就可以用真实值 t_{n+1} 替代预测值 t_{n+1}^*，这样就形成了单步预测。

7.2.4 参数的选取

支持向量机的推广效果如何在很大程度上取决于参数选取的是否合适。影响支持向量机的参数有核函数的参数、惩罚因子 c 和不敏感损失系数 ε。为了找到最优的参数来提高支持向量机的性能，人们研究出了多种参数的选取方法。

（1）经验法

为了解决计算量很大的问题，相关学者提出了一些经验公式，这些公式分布在核函数参数与数据集中样本之间。通过经验公式取得近似的核函数参数值，在以后支持向量机的运算过程中便不再修改。

(2) 实验法

实验法就是先估计一个核函数的参数，然后把要输入的数据分成两部分，一部分作为训练样本对其进行训练，另一部分作为测试样本检测估计的这个参数效果如何。然后改变参数，重新测试训练，比较每次测试的结果，选取一个合理的参数。实验法中一个主要的方法是交叉验证法，这种方法是把训练样本等分成 k 个子集，然后进行 k 次训练。用除 k 以外的子集训练得到的模型对 k 子集计算误差。根据 k 次误差得到的平均值进行预测。

(3) 智能优化法

智能优化法是利用遗传优化法、混沌优化法等方法来选择参数的方法。这种方法精度高、迅速快，被人们广泛使用。

在本书的实验中支持向量机参数 c 和 g 的选择采用交叉验证法选取，这种方法虽然耗费的时间长，但是精确度很好。

【附】SVM 预测算法 MATLAB 源程序

```
clc
clear
close all
disp('-----------基于 SVM 模型的混沌时间序列单步预测------------')
% -------------------------------------------------------------------
% 产生 Logistic 混沌时间序列
lambda=4;
x=0.1;
k1=7e+3;              % 前面的迭代点数
k2=3e+3;              % 后面的迭代点数
f=zeros(k1+k2,length(lambda));
for i=1:k1+k2
    x=lambda .*x.*(1-x);
    f(i,:)=x;
end
data=f(k1+1:end,:);
% [x,minp,maxp]=premnmx(data);      % 归一化到均值为 0、方差为 1
[x,mean,w]=normalize_1(data);      % 归一化到均值为 0、方差为 1
```

```
% ---------------------------------------------------------------
% 相关参数入口
tau=6                   % 时间延迟
m=2                     % 嵌入维数
n_tr=1500;              % 训练样本数
n_te=1000;              % 测试样本数
% ---------------------------------------------------------------
% 混沌序列的相空间重构(phase space reconstruction)
x=x(1:n_tr+n_te);
[xn_tr,dn_tr]=PhaSpaRecon(x(1:n_tr),tau,m);
[xn_te,dn_te]=PhaSpaRecon(x(n_tr+1:n_tr+n_te),tau,m);
tic;
% ---------------------------------------------------------------
% 选择回归预测分析最佳的 SVM 参数 c & g
% 转置为列向量,以符合 libsvm 工具箱的数据格式要求
xn_tr=xn_tr';
dn_tr=dn_tr';
xn_te=xn_te';
dn_te=dn_te';
% 首先进行粗略选择:
%  c 的变化范围是 2^(-5),2^(-4),…,2^(10)
%  g 的变化范围是 2^(-5),2^(-4),…,2^(5)
[bestmse,bestc,bestg]=SVMcgForRegress(dn_tr,xn_tr,0,10,-2,3,3,0.3,
0.3,0.0002);
% 打印粗略选择结果
disp('打印粗略选择结果');
str=sprintf( 'Best Cross Validation MSE=% g Best c=% g Best g=% g',
bestmse,bestc,bestg);
disp(str);
% 根据粗略选择的结果图再进行精细选择:
%  c 的变化范围是 2^(0),2^(0.3),…,2^(10)
%  g 的变化范围是 2^(-2),2^(-1.7),…,2^(3)
[bestmse,bestc,bestg]=SVMcgForRegress(dn_tr,xn_tr,3,10,-1.5,2.5,3,
0.3,0.3,0.0002);
% 打印精细选择结果
disp('打印精细选择结果');
str=sprintf( 'Best Cross Validation MSE=% g Best c=% g Best g=% g',
```

```
bestmse,bestc,bestg);
    disp(str);
    % ----------------------------------------------------------------
    % 利用回归预测分析最佳的参数进行 SVM 网络训练
    cmd=['-c ', num2str(bestc), '-g ', num2str(bestg), '-s 3 -p 0.01'];
    model=svmtrain(dn_tr,xn_tr,cmd);
    % model=svmtrain(TS,TSX,'-s 3 -c 1 -g 2 -p 0.01');
    % ----------------------------------------------------------------
    % SVM 网络回归预测
    [predict,mse]=svmpredict(dn_tr,xn_tr,model);
    predict=predict/w+mean;        % 预测值反归一化
    dn_tr=dn_tr/w+mean;
    % 打印回归结果
    str=sprintf( '均方误差 MSE=% g 相关系数 R=% g% % ',mse(2),mse(3)* 100);
    disp(str);
    toc;
    % ----------------------------------------------------------------
    % 结果显示
    figure;
    hold on;
    subplot(211)
    plot(1:length(dn_tr),dn_tr,1:length(dn_tr),predict,'r');grid;
    title('真实值和预测值');
    legend('原始数据','SVM 拟合数据');
    subplot(212)
    plot(1:length(dn_tr),dn_tr-predict,'k');
    title('预测绝对误差')
    grid on;
    % ----------------------------------------------------------------
    % 单步预测
    n_pr=200;          % 预测步数
    xn_te=xn_te(1:n_pr,:);
    dn_te=dn_te(1:n_pr,:);
    [dn_pr,mse1]=svmpredict(dn_te,xn_te,model);
    DN_pr=dn_pr/w+mean;        % 预测值反归一化
    DN_te=dn_te/w+mean;        % 预测值反归一化
    % ----------------------------------------------------------------
```

```
% 结果显示
figure;
hold on;
subplot(211)
plot(n_tr+1:n_tr+n_pr,DN_te,n_tr+1:n_tr+n_pr,DN_pr,'r');grid;
title('真实值和预测值');
legend('原始数据','SVM 预测数据');
subplot(212)
plot(n_tr+1:n_tr+n_pr,DN_te-DN_pr,'k');
title('预测绝对误差')
grid on;
```

7.3 基于支持向量机的混沌时间序列预测方法

7.3.1 实验的准备工作

(1) 实验的运行环境

应用支持向量机预测模型对 3 种典型的非线性混沌系统（Logistic、Henon、Lorenz）进行预测比较研究，实验所采用的 3 种典型非线性系统参数、归一化和预测精度标准与 3.5.1 节相同。

实验的时间序列在去除前面 2000 点过渡点以后，均取后 2500 点数据作为实验数据，其中实验中训练样本数选 1500 个，测试样本数选 1000 个。为使数据运行程序中收敛加快，实验数据需进行归一化处理。需要说明的是，并不是所有需要处理的问题都要进行归一化，也就是说这一步根据具体问题的情况可有可无。在 MATLAB 环境中，有三种归一化方法可供选择：premnmx 方法、postmnmx 方法和 tramnmx 方法。本实验采用 postmnmx 方法将数据归一化到单位方差和零均值。

(2) SVM 参数 c 和 g 的选取

本实验中采用径向基函数作为 SVM 的核函数，所以接下来只需调整惩罚因子 c 和核参数 g 即可。惩罚因子表示的是对离群点的重视程度，有些样本很重要不能舍弃，可以把 c 的值设置得大一些。但是目标函数的值会随着 c 值的无限增大而趋向于无穷大，使得问题变成无解，所以 c 的选取其实是一个参数寻优的过程。通常的做法是先确定一个 c 值进行测试，分析测试结果，如果效果不理想再进行调试，直到满意为止。而 g 的取值与预测精度有关，g 值取得过小时，预测样本的拟合效果好，但是测试样本的泛化能力差；g 值取得过大时，样本的拟合和预测精度会降低。本实验采用传统的网格搜索法对 SVM 参数进行选取，通过对网格上的每组参数对（c，g）进行泛化能力评价，从而找到最优的参数对。然后使用交叉验证法对预测模型中的参数进行泛化能力评价，在 MATLAB 中实现。

(3) 实验步骤

实验步骤如下。

第 1 步：产生混沌时间序列。

第 2 步：对数据进行预处理。

第 3 步：进行相空间重构。

第 4 步：将实验准备好的预测数据和选定的参数输入预测模型，通过 MATLAB 实现，得到预测结果。

第 5 步：用支持向量机的误差评价模型式（7-14）对预测结果进行评价。

实验选用均方误差（MSE）来对实验结果进行评价。实验运行得出的均方误差越小，说明支持向量机算法对 3 种典型混沌时间序列的预测结果越精确。

7.3.2 仿真实验

根据实验步骤对 3 种典型混沌时间序列的预测仿真结果如下。

图 7-4 为对于 Logistic 混沌时间序列中 SVM 参数 c 和 g 的粗略选择结果图。

图 7-5 为对于 Logistic 混沌时间序列中 SVM 参数 c 和 g 的精细选择结果图。

根据图 7-4 和图 7-5 的显示结果选择 c 值较小的数值为：最优 $c=8$，最优 $g=0.659\ 754$。

图 7-6 为对于 Lorenz 混沌时间序列中 SVM 参数 c 和 g 的粗略选择结果图。

图 7-7 为对于 Lorenz 混沌时间序列中 SVM 参数 c 和 g 的精细选择结果图。

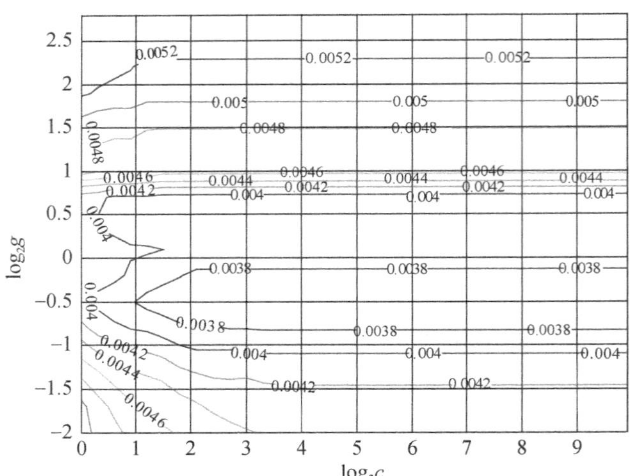

图 7-4　基于 SVM 的 Logistic 混沌时间序列参数 c 和 g 的粗略选择结果图

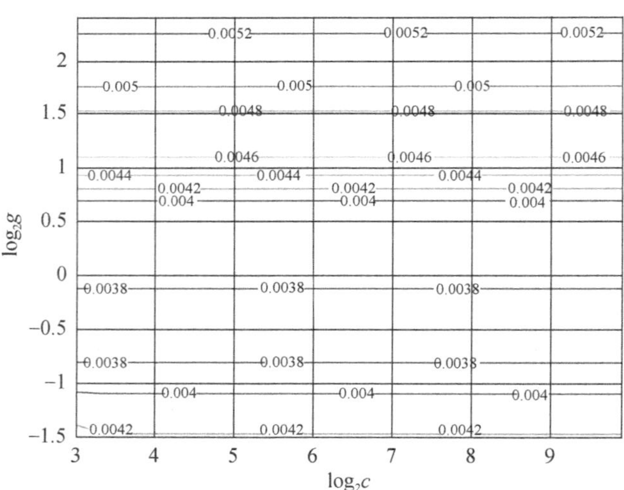

图 7-5　基于 SVM 的 Logistic 混沌时间序列参数 c 和 g 的精细选择结果图

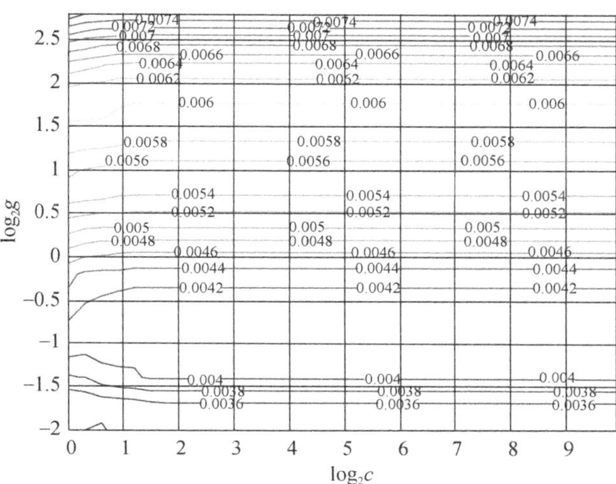

图 7-6　基于SVM 的 Lorenz 混沌时间序列参数 c 和 g 的粗略选择结果图

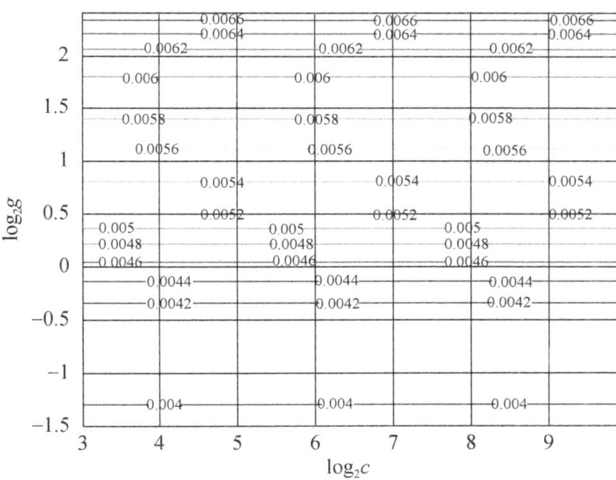

图 7-7　基于 SVM 的 Lorenz 混沌时间序列参数 c 和 g 的精细选择结果图

根据图 7-6 和图 7-7 的显示结果选择 c 值较小的数值为：最优 $c=8$，最优 $g=0.353\ 553$。

图 7-8 为对于 Henon 混沌时间序列中 SVM 参数 c 和 g 的粗略选择结果图。

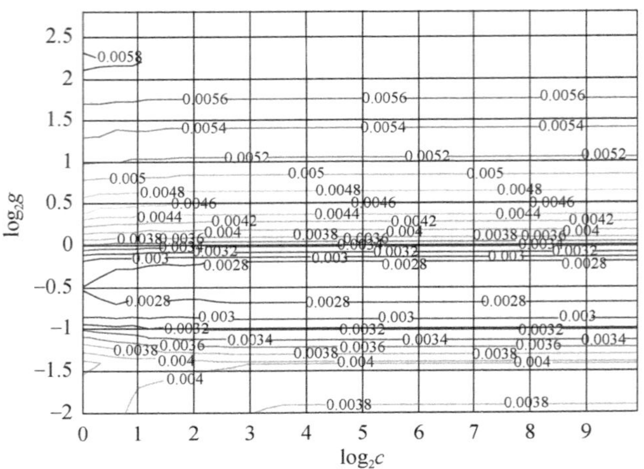

图 7-8 基于 SVM 的 Henon 混沌时间序列参数 c 和 g 的粗略选择结果图

图 7-9 为对于 Henon 混沌时间序列中 SVM 参数 c 和 g 的精细选择结果图。

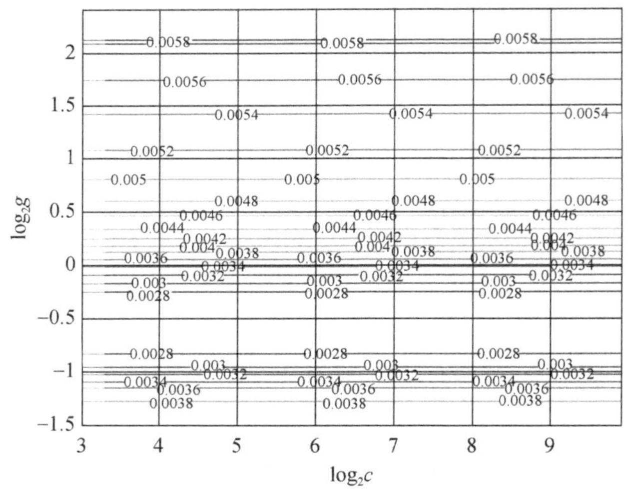

图 7-9 基于 SVM 的 Henon 混沌时间序列参数 c 和 g 的精细选择结果图

根据图 7-8 和图 7-9 的显示结果选择 c 值较小的数值为：最优 $c=8$，最优 $g=0.812\ 252$。

（1） Logistic 混沌时间序列的预测仿真

在实验支持向量机对 Logistic 混沌时间序列中，选取 100～1500 个不同数量的样本作为训练样本，预测样本也取 100～1000 个不同数量的样本进行反复实验，得到了一系列的结果。由于实验次数很多，本书篇幅有限，实验图形不一一列出，只给出了某些具有代表性的实验结果。图 7-10 为训练样本为 1500、预测样本为 1000 时的 Logistic 混沌时间序列预测误差图。

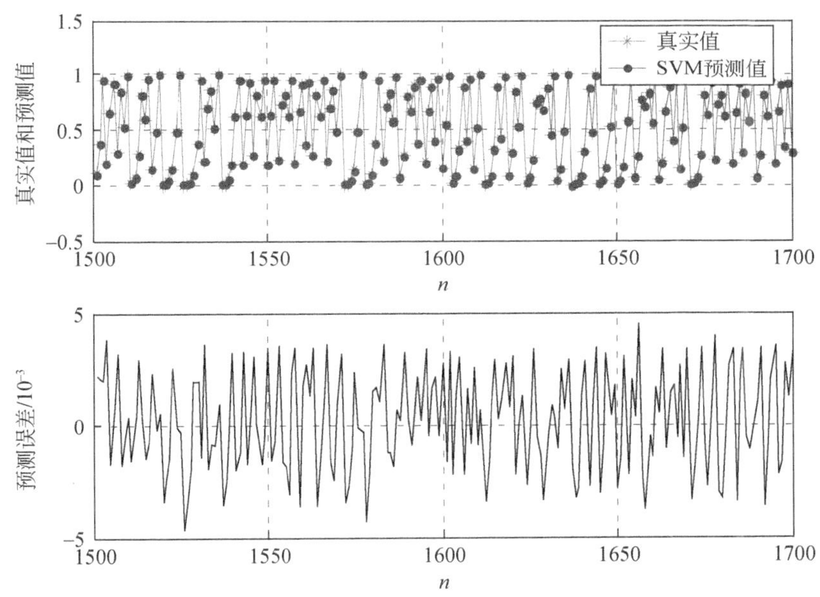

图 7-10　支持向量机对 Logistic 混沌时间序列的预测误差图

（2） Lorenz 混沌时间序列的预测仿真

在实验支持向量机对 Lorenz 混沌时间序列中，选取 100～1500 个不同数量的样本作为训练样本，预测样本也取 100～1000 个不同数量的样本进行反复实验，得到了一系列的结果。由于实验次数很多，本书篇幅有限，实验图形不一一列出，只给出了某些具有代表性的实验结果。图 7-11 为训练样本为 1500、预测样本为 1000 时的 Lorenz 混沌时间序列预测误差图。

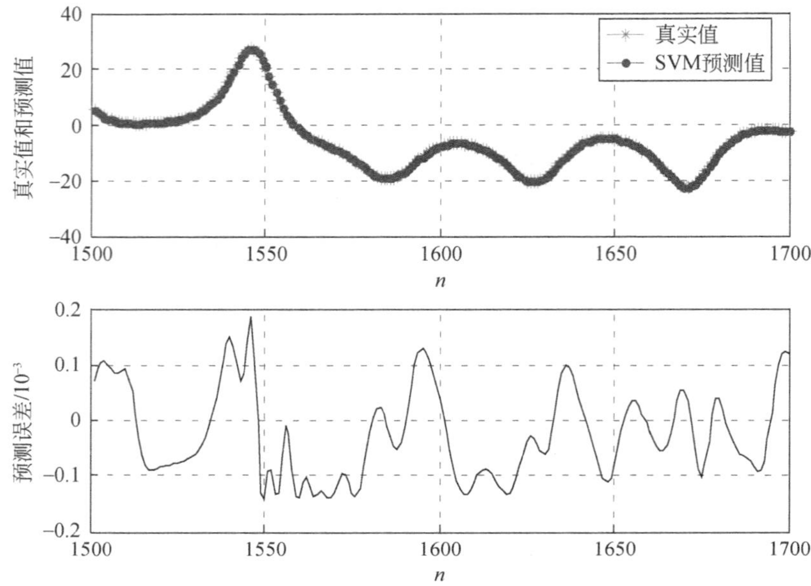

图 7-11 支持向量机对 Lorenz 混沌时间序列的预测误差图

（3）Henon 混沌时间序列的预测仿真

在实验支持向量机对 Henon 混沌时间序列中，选取 100 ~ 1500 个不同数量的样本作为训练样本，预测样本也取 100 ~ 1000 个不同数量的样本进行反复实验，得到了一系列的结果。由于实验次数很多，本书篇幅有限，实验图形不一一列出，只给出了某些具有代表性的实验结果。图 7-12 为训练样本为 1500、预测样本为 1000 时的 Henon 混沌时间序列预测误差图。

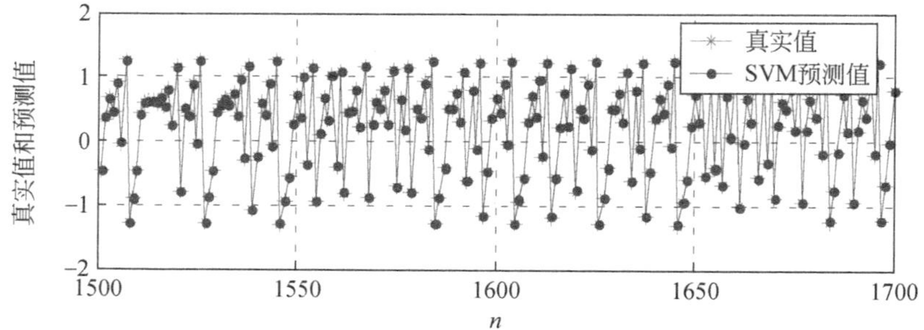

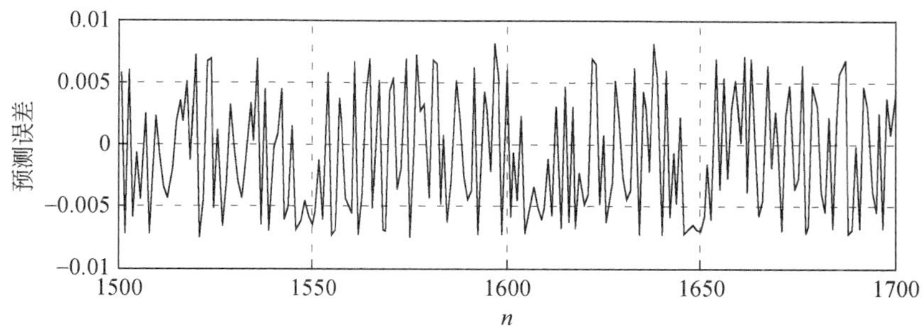

图 7-12　支持向量机对 Henon 混沌时间序列的预测误差图

预测 3 种混沌时间序列的均方误差和所需时间如表 7-1 所示。

表 7-1　SVM 预测 3 种混沌时间序列的均方误差和所需时间

系统	Henon 混沌时间序列	Logistic 混沌时间序列	Lorenz 混沌时间序列
均方误差	$4.781\,96\times10^{-5}$	$4.086\,9\times10^{-5}$	$3.420\,56\times10^{-5}$
所需时间/s	63.641 000	127.328 000	120.094 000

(4) 训练样本不同时 3 种混沌时间序列的预测仿真

当测试样本不变，数量为 1000，训练样本从 1500 个以每 100 个递减时，3 种混沌时间序列预测的均方误差如表 7-2 所示。

表 7-2　SVM 预测 3 种混沌时间序列不同样本的均方误差

训练样本数量	Henon 混沌时间序列	Logistic 混沌时间序列	Lorenz 混沌时间序列
1500	$4.781\,96\times10^{-5}$	$4.086\,90\times10^{-5}$	$3.420\,56\times10^{-5}$
1400	$4.741\,56\times10^{-5}$	$4.119\,04\times10^{-5}$	$3.513\,29\times10^{-5}$
1300	$4.811\,29\times10^{-5}$	$4.202\,46\times10^{-5}$	$3.556\,72\times10^{-5}$
1200	$4.798\,41\times10^{-5}$	$4.233\,32\times10^{-5}$	$3.575\,50\times10^{-5}$
1100	$4.768\,57\times10^{-5}$	$4.251\,77\times10^{-5}$	$3.673\,81\times10^{-5}$
1000	$4.734\,34\times10^{-5}$	$4.282\,88\times10^{-5}$	$3.722\,70\times10^{-5}$
900	$4.598\,14\times10^{-5}$	$4.334\,12\times10^{-5}$	$3.677\,34\times10^{-5}$
800	$4.714\,36\times10^{-5}$	$4.504\,64\times10^{-5}$	$3.852\,58\times10^{-5}$
700	$4.751\,48\times10^{-5}$	$4.696\,62\times10^{-5}$	$3.783\,93\times10^{-5}$
600	$4.832\,96\times10^{-5}$	$5.009\,43\times10^{-5}$	$4.071\,59\times10^{-5}$

续表

训练样本数量	Henon 混沌时间序列	Logistic 混沌时间序列	Lorenz 混沌时间序列
500	$4.890\ 46\times10^{-5}$	$5.287\ 94\times10^{-5}$	$3.577\ 87\times10^{-5}$
400	$5.166\ 67\times10^{-5}$	$5.774\ 01\times10^{-5}$	$4.086\ 51\times10^{-5}$
300	$5.802\ 29\times10^{-5}$	$7.219\ 57\times10^{-5}$	$5.173\ 42\times10^{-5}$
200	$6.677\ 63\times10^{-5}$	$7.273\ 16\times10^{-5}$	$5.467\ 50\times10^{-5}$
100	$8.320\ 89\times10^{-5}$	$12.060\ 70\times10^{-5}$	$4.680\ 56\times10^{-5}$

7.3.3 结果分析

1）本实验通过仿真实验得出结论如下：支持向量机可以对某些系统进行预测，但是这种算法并不适合所有混沌时间序列的预测。只是在个别的混沌时间序列预测中能够发挥较好的效果，如我们在实验中选取的 3 种典型混沌时间序列中的 Lorenz 混沌时间序列。

2）用支持向量机的预测方法预测 Henon 混沌时间序列，得出的均方误差最大，但是所需时间最短。根据实验结果可以得出，支持向量机算法显然最不适用于对 Henon 混沌时间序列进行预测，虽然其运算时间最短但是精确度太低。

3）由表 7-2 可以看出，随着训练样本数的递减，3 种混沌时间序列预测的均方误差在增大，也就是说预测精度在随之降低。从这个实验中我们可以得出一个结论：若是想要得到较好的预测效果，就要使训练样本尽可能多。随之而来的问题就是要进行更多次的实验，计算数量也会大大增加。

4）本实验所研究的是现今比较流行的支持向量机算法，用这种算法对混沌时间序列进行预测分析，在研究过程中经过反复实验和结果比较，发现训练样本的多少是影响实验结果的关键因素。

实验表明，支持向量机在对混沌时间序列的预测上稳定性较强，并且训练样本越多，预测精确度越高。这也是支持向量机的一个不足之处，因为各种原因，不可能得到充足的训练样本，这就会使得支持向量机的预测效果达不到我们所要的结果。另外，通过图 7-11 可以看出，支持向量机对 Lorenz 混沌时间序列预测的效果比 Logistic 和 Henon 混沌时间序列的预测效果要好。

7.4 SVM 预测方法与 BP 和 RBF 神经网络预测方法的比较

为说明 SVM 预测方法的有效性，对 SVM 预测方法和 BP 神经网络预测方法、

RBF 神经网络预测方法的预测结果进行比较。混沌时间序列仍采用 3 种典型的非线性混沌系统（Logistic、Henon、Lorenz）进行对比实验。数据处理方法与 7.3 节数据处理方法相同。

7.4.1 BP 神经网络模型预测

采用 4.2 节中的 BP 神经网络算法对 3 种混沌时间序列进行预测仿真，实验在 MATLAB 环境中运行，实验结果选用均方误差的值进行评价。

图 7-13 为用 BP 神经网络对 Logistic 混沌时间序列进行预测时 MATLAB 生成的图像。

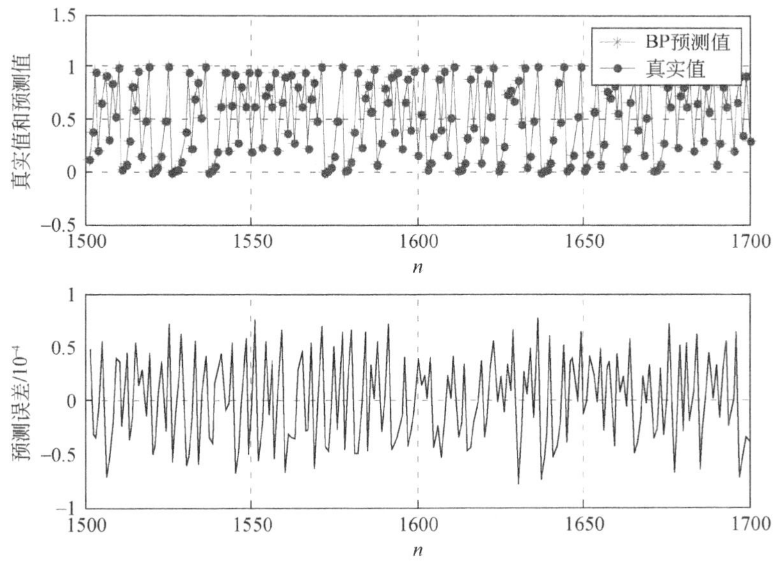

图 7-13　BP 神经网络对 Logistic 混沌时间序列的预测误差图

图 7-14 为用 BP 神经网络对 Lorenz 混沌时间序列进行预测时 MATLAB 生成的图像。

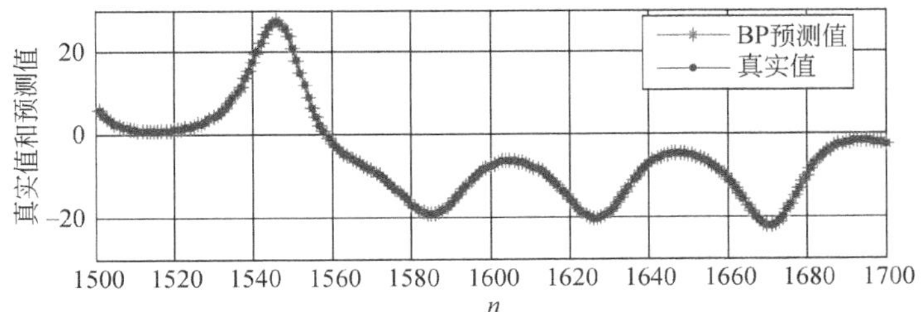

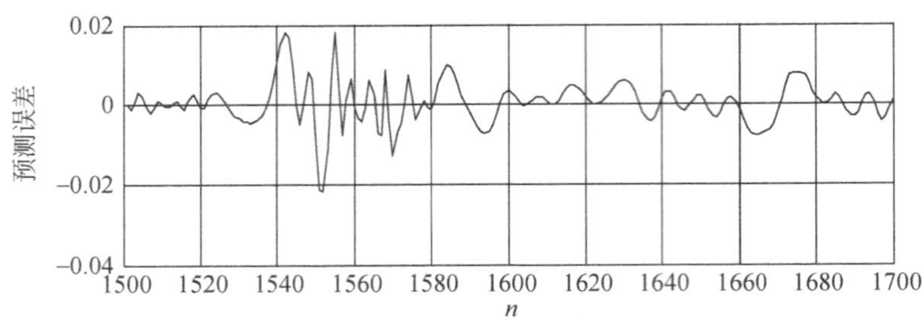

图 7-14 BP 神经网络对 Lorenz 混沌时间序列的预测误差图

图 7-15 为用 BP 神经网络对 Henon 混沌时间序列进行预测时 MATLAB 生成的图像。

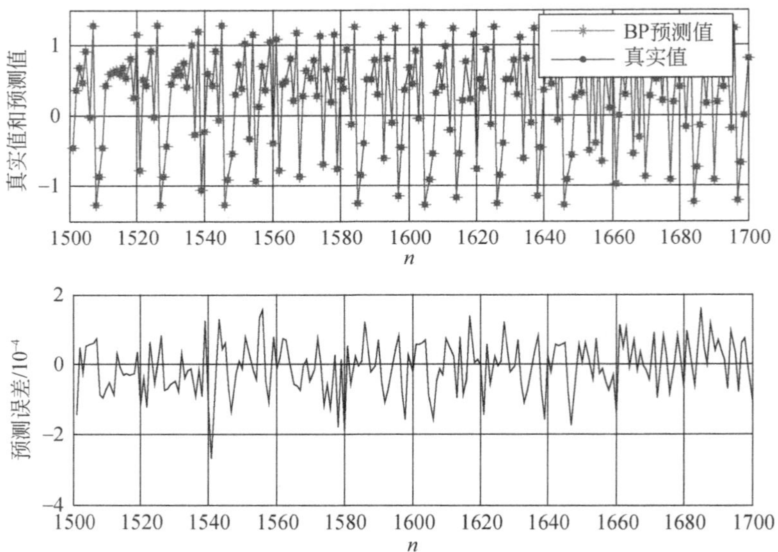

图 7-15 BP 神经网络对 Henon 混沌时间序列的预测误差图

用 BP 神经网络算法对 3 种时间序列进行预测时，得到的均方误差和所需的时间如表 7-3 所示。

表 7-3 基于 BP 神经网络均方误差和预测所需时间比较

系统	Henon 混沌时间序列	Logistic 混沌时间序列	Lorenz 混沌时间序列
均方误差	$5.953\,2\times10^{-5}$	$3.196\,7\times10^{-5}$	0.005 3
所需时间/s	12.640 000	13.236 103	31.109 830

7.4.2　RBF 神经网络模型预测

采用 4.3 节中的 RBF 神经网络算法对 3 种混沌时间序列进行预测仿真，实验在 MATLAB 环境中运行，实验结果选用均方误差的值进行评价。

图 7-16 为用 RBF 神经网络算法对 Henon 混沌时间序列进行预测得到的结果。

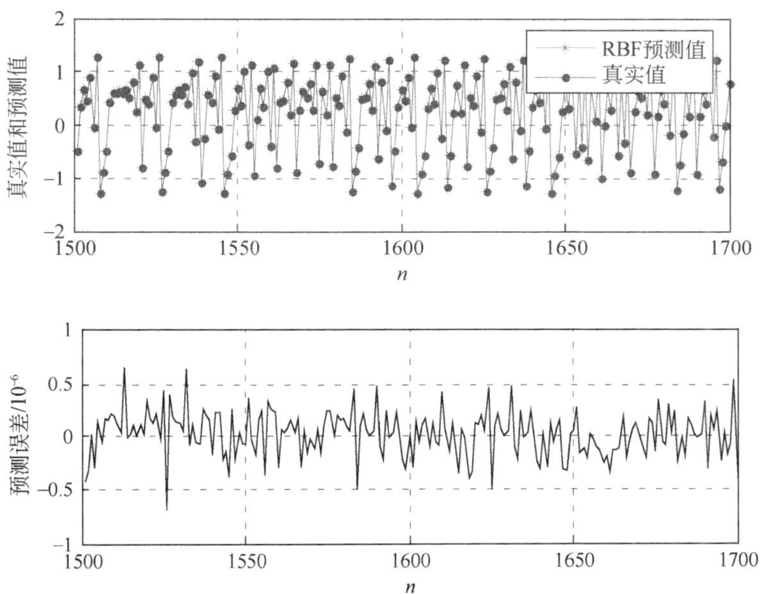

图 7-16　RBF 神经网络对 Henon 混沌时间序列的预测误差图

图 7-17 为用 RBF 神经网络算法对 Logistic 混沌时间序列进行预测得到的结果。

图 7-18 为用 RBF 神经网络算法对 Lorenz 混沌时间序列进行预测得到的结果。

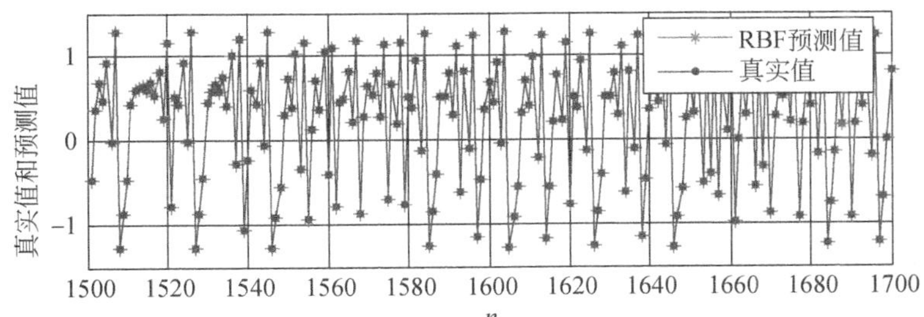

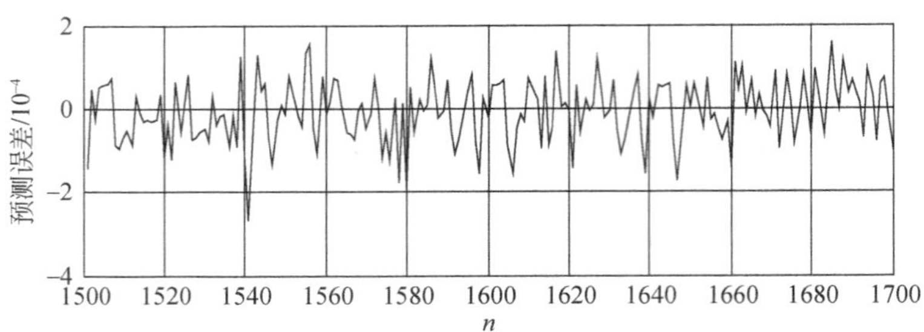

图 7-17 RBF 神经网络对 Logistic 混沌时间序列的预测误差图

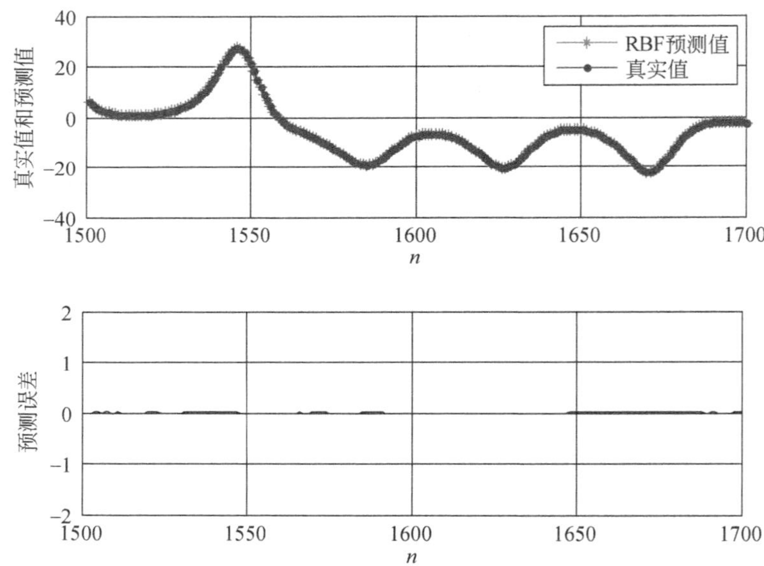

图 7-18 RBF 神经网络对 Lorenz 混沌时间序列的预测误差图

用 RBF 神经网络算法对 3 种时间序列进行预测时，得到的均方误差和所需的时间如表 7-4 所示。

表 7-4 基于 RBF 神经网络均方误差和预测所需时间比较

系统	Henon 混沌时间序列	Logistic 混沌时间序列	Lorenz 混沌时间序列
均方误差	$1.668\,2\times10^{-7}$	$2.531\,1\times10^{-7}$	$7.197\,9\times10^{-4}$
所需时间/s	4.857 923	5.433 385	4.526 782

7.4.3　预测结果的比较

把 BP 神经网络和 RBF 神经网络对 3 种混沌时间序列的预测结果与 SVM 预测模型对 3 种混沌时间序列的预测结果进行比较如表 7-5 所示。

表 7-5　SVM、BP 神经网络和 RBF 神经网络预测均方误差比较

系统	Henon 混沌时间序列	Logistic 混沌时间序列	Lorenz 混沌时间序列
SVM	4.78196×10^{-5}	4.0869×10^{-5}	3.42056×10^{-5}
BP 神经网络	5.9532×10^{-5}	3.1967×10^{-5}	0.005 3
RBF 神经网络	1.6682×10^{-7}	2.5311×10^{-7}	7.1979×10^{-4}

虽然支持向量机是现在机器学习的热点，神经网络已经不再是机器学习的主流，但是由预测结果可以看出：

1）在使用 SVM、BP 神经网络、RBF 神经网络对 Henon 混沌时间序列进行预测时，RBF 的均方误差最小，达到的精确度最高。这说明在对 Henon 混沌时间序列的预测上，传统的神经网络预测表现出了很好的效果，SVM 则不适于预测此种类型的混沌时间序列。

2）用三种算法对 Logistic 混沌时间序列进行预测分析时发现，相对于 SVM 预测模型和 BP 神经网络预测模型，RBF 神经网络预测模型的预测精度最高，BP 神经网络的预测精度最低，且计算中发现 RBF 神经网络的计算时间最短。同时还可以发现，相对于 Henon 混沌时间序列，RBF 预测模型对 Logistic 时间序列的预测精度比对 Henon 时间序列的预测精度有所提升，而 BP 神经网络和 SVM 预测模型的预测精度则呈下降趋势。

3）通过数据和图形可以看出，SVM 可以对混沌时间序列进行预测但是不适合所有的混沌时间序列预测，在对 Lorenz 混沌时间序列预测的实验中，不仅每次的实验结果都很稳定，而且预测精度也很高。这可能是 SVM 算法的核采用的是 RBF 函数的原因。因此，在实际应用中如果遇到符合 Lorenz 混沌时间序列的问题，需要对其进行预测分析时，不需要劳神费力地去思考选用哪一种方法效果最好，可以直接选用 SVM 算法。

第 8 章　基于信息粒化的 SVM 混沌时间序列预测方法

8.1　信息粒化理论

信息粒化是粒化计算中的主要方面，研究的是信息粒的形成、表示、粗细、语义解释等。粒化计算是用可行的满意近似解来替代精确解，与传统的计算观念不同，在对信息的处理上更为科学、合理，成为信息处理的一种实用的技术和方法，伴随着信息科学和数字技术的不断飞速发展，它必将发挥越来越重要的作用。

粒化计算在信息处理中是全新的概念和计算范式，它覆盖了全部有关粒化的理论、工具、方法和技术的研究。在本质上来讲，信息颗粒是通过功能相近性、不可区分性、函数性、相似性等来划分对象的集合。它是软计算科学的一个分支，也是词计算理论、商空间理论、粗糙集理论、区间计算等的超集。它已经成为海量的及粗糙的信息处理的重要工具，也是人工智能研究领域的热点之一。

1997 年，L. A. Zadeh 在讨论模糊信息粒化理论时提出了人类认知的三个主要概念，即粒化包括将全体分解为部分、组织包括从部分集成全体、因果包括因果的关联，进一步提出了粒化计算[182]。加拿大教授 W. Pedrycz 在基于模糊集理论的研究上提出了时间序列模糊信息粒化方法[183]。基于 L. A. Zadeh 的模糊集理论，对于模糊信息粒化方法和理论的研究，成为粒化计算理论中的重要研究方向之一。

在信息粒化理论中，*c*-粒化是粒为非模糊的粒化方式[184]，它在众多方法技术中有重要的作用，然而在几乎所有人的推理及概念形成中，粒的存在都是模糊的，即 *f*-粒化。非模糊的粒化没有反映出这一事实。模糊信息粒化是受到人类粒化信息方式的启发，并据此推理出来的。

信息粒化的主要 3 种模型是：①基于模糊集理论的模型；②基于粗糙集理论的模型；③基于商空间理论的模型。

这 3 种模型之间存在密切的联系与区别。模糊集理论与粗糙集理论存在很强的互补性，它们在优化、整合和处理知识的不完全性和不确定性时已经显示出了更强的功能。商空间理论和粗糙集理论都是先利用等价类来描述粒化，然后再用粒化来描述概念，只是它们讨论的出发点是不同的。粗糙集理论的论域仅仅是对象的点集，而元素之间的拓扑关系则不在考虑范围之内，商空间理论着重研究的是空间关系的理论，商空间理论进行研究的前提是论域元素之间存在拓扑关系，也就是说论域是一个拓扑空间。

20世纪60年代，美国著名数学家Zadeh提出了模糊集合理论[184]。基于该理论，1979年又首次提出并且讨论了模糊信息粒化的问题，给出一种数据粒的具体命题刻画，即

$$g \triangleq (x \text{ is } G) \text{ is } \lambda \tag{8-1}$$

式中，x为取值的变量，G为模糊子集，是由隶属函数μ_G来刻画的，λ表示可能性概率。

一般假设G为凸模糊子集，λ为单位区间的模糊子集。如

$$g \triangleq (x\text{是小的})\text{是可能的}$$

$$g \triangleq (x\text{不是很大})\text{是很不可能的}$$

$$g \triangleq (x\text{比}y\text{大得多})\text{是不可能的}$$

此外，模糊信息粒也可以是由其他命题刻画，如

$$g \triangleq x \text{ is } G \tag{8-2}$$

这种形式刻画的信息粒不具有概率性，它其实是公式（8-1）的另一种特殊情况。为区别这两种不同的情况，称命题（8-1）刻画的模糊粒叫做πp-粒，命题（8-2）刻画的模糊粒叫做π-粒。

非模糊的信息粒化有很多方法，如相空间信息粒化、区间信息粒化、基于信息密度的信息粒化，非模糊的信息粒化方法在许多领域也起着重要的作用，但是在许多情况下非模糊的信息粒并不能明确地反映处所描述事物的特性，因此，建立模糊信息粒是很有必要的。

知道了粒子的表现形式后，接下来主要的工作就是确定具体的隶属函数。确定隶属函数的方式多种多样，无论依据的是什么规则来建立隶属函数，都要满足建立粒子的两个基本思想：①粒子可以合理地代表原始数据；②粒子具有一定的特殊性。

为满足上述两个条件，找到两者之间的最佳平衡，给出了一个关于A的函数，即

$$Q_A = \frac{M(A)}{N(A)} \tag{8-3}$$

式中，$M(A)$保证的是基本思想中的第一个要求；$N(A)$保证的是基本思想中的第2个要求。使Q_A达到最大从而达到这两个要求的最佳平衡，即W. Pedrycz提

出的模糊粒化模型的基本思想。

8.2 基于信息粒化的支持向量机预测模型的基本思想

支持向量机在众多的预测方法中脱颖而出，是因为它有着很多的优点。它利用内积核函数代替了向高维空间的非线性映射，其计算的复杂性取决于支持向量的数目而不是样本空间的维数，有效地避免了维数灾难。在该算法中，起决定作用的是支持向量。它只需要少数样本就能获取高准确率，算法不仅简单还具有鲁棒性，表现在：增删非支持向量机样本对模型无影响，支持向量样本集具有一定的鲁棒性，有些成功的应用中对核的选取不敏感。然而，它也存在自身的缺点，如该算法对大规模的训练样本难以实施，大样本数据会耗费大量的机器内存和运算时间，经典算法只给出了两类分类算法，对解决多分类问题存在困难。而信息粒化将相近的序列按照窗口的大小划分，大大简化了样本，减少了分析中的计算。基于此，将信息粒化理论引入到支持向量机算法中，可以弥补大样本不适用支持向量机的缺点。

构建基于信息粒化的支持向量机混沌时间序列预测模型的基本思想[185]如下。

1）相空间重构。对给定的混沌时间序列按照其对应的延迟时间和嵌入维数对其进行相空间重构。

2）信息粒化。确定一个粒化窗口的大小 w，将原时间序列按窗口大小分为许多小子列，然后在每个子列上建立模糊集，即可形成一个新的样本序列。

3）支持向量机预测。利用粒化后的样本序列选取参数，然后将样本序列数据作为输入数据，应用支持向量机模型进行预测。

8.3 模糊粒子构建

模糊信息粒就是以模糊集形式表示的信息粒。用模糊集方法对时间序列进行模糊粒化，主要分为两个步骤：划分窗口和模糊化。划分窗口就是将时间序列分割成若干小子序列，作为操作窗口；模糊化则是将产生的每一个窗口进行模糊化，生成一个个模糊集也就是模糊信息粒。这两种广义模式结合在一起就是模糊信息粒化，称为 f-粒化。在 f-粒化中，最为关键的是模糊化的过程，也就是在所给的窗口上建立一个合理的模糊集，使其能够取代原来窗口中的数据，表示相关的人们所关心的信息。

构建模糊粒子首先要对时间序列进行相空间重构和窗口划分，然后利用划分出的小时间序列构建模糊例子。相空间重构方法参见 2.2.1 节，这里仅介绍窗口划分和模糊例子构建方法。

8.3.1　窗口划分

在建立模糊粒子之前，首先要用一定的窗口 w 将所给时间序列分割成一些小子序列。窗口的大小可以根据实际情况选择，如用水量选择 24h 为一个单元，窗口大小即为 24。窗口大小的选择存在一定的主观性，对实际预测会产生不同的影响。如何更加合理地选择窗口大小尚未解决。

8.3.2　模糊粒子建立

在每个小子序列窗口上建立模糊粒子是算法中的关键。给定一个时间子序列 $X=\{x_1, x_2, \cdots, x_k\}$，在其上建立一个模糊粒子 A，要满足下面两个基本要求。

1）使所建模糊集 A 的隶属度和尽量大，即最大化 $\sum_{x\in X}A(x)$。可以看出，这个和式越大说明粒子囊括的信息数据越多，也就越能代表原有的实验数据。

2）最小化模糊集 A 的支撑，即最小化 $\mathrm{measure}(\mathrm{supp}(A))=b-a$。$b$ 和 a 分别是模糊集 A 的支撑边界。粒子支撑越小，说明粒子特殊性越大。

需考虑单窗口问题，即把整个时序 X 看成是一个窗口进行模糊化。模糊化的任务是在 X 上建立一个模糊粒子 P，即一个能够合理描述 X 的模糊概念 G（以 X 为论域的模糊集合），确定了 G 也就确定了模糊粒子 P。

$$g \triangleq x \text{ is } G \qquad (x\in X) \tag{8-4}$$

所以模糊化过程本质上就是确定一个函数 A 的过程，A 是模糊概念 G 的隶属函数 μ_G，即 $A=\mu_G$。通常，粒化时首先确定模糊概念的基本形式，然后确定具体的隶属函数 A。

在后面的论述中，在不做特别声明的情况下，模糊粒子 P 可以代替模糊概念 G，即 P 可简单描述为

$$P=A(x) \qquad (x\in X) \tag{8-5}$$

常用的模糊粒子有以下几种基本形式：三角形、梯形、高斯型、抛物形等。

下面把问题先具体化，然后给出 W. Pedrycz 的模糊粒化算法。对于给定的时间序列 $X=(x_1, x_2, \cdots, x_N)$，仍然先考虑单窗口问题，即把整个时序 X 看成是一个窗口进行模糊化。

有了单窗口的模糊粒化方法，对于任意的时间序列我们可以先对原始数据进

行划分窗口（按照某种规则），然后再对每一个窗口进行模糊粒化即可。

本书实验中窗口为5，对数据进行处理采用三角模糊粒子，其隶属函数为

$$A(x,\ a,\ m,\ b)=\begin{cases}0 & x<a\\ \dfrac{x-a}{m-a} & a\leqslant x\leqslant m\\ \dfrac{b-x}{b-m} & m<x\leqslant b\\ 0 & x>b\end{cases} \tag{8-6}$$

式中，x 是论域中的变量，a、m 和 b 是参数。

8.4 基于信息粒化的支持向量机预测模型

8.4.1 支持向量机预测模型构建

假设粒化后的时间序列为 $\{x_1,\ x_2,\ \cdots x_N\}$，若已知 $x(t)$ 来预测 $x(t+1)$，则可应用本书7.2.3节中的基于支持向量机的混沌时间序列预测模型对信息粒化后的时间序列进行建模预测。

8.4.2 参数的选取

实验中采用交叉验证法[186, 187]来选取最优的参数 c 和 g。这种方法是先估计一个核函数的参数，然后把要输入的数据分成两部分，一部分作为训练样本对其进行训练，另一部分作为测试样本检测估计的这个参数效果如何。然后改变参数，重新测试训练，比较每次测试的结果，选取一个合理的参数。选取过程是把训练样本等分成 k 个子集，然后进行 k 次训练。用除 k 以外的子集训练得到的模型对 k 子集计算误差。根据 k 次误差得到的平均值进行预测。这种方法虽然耗费的时间长，但是精确度很好。

不同的核函数使用的分布类型不同，在选择核函数时要尽量选择能够反映训练样本数据分布特征的核函数。本书选择使用RBF核函数，它在多次的实验中表现出良好的性能，从而被人们广泛使用。其表达式为

$$K(x,y)=\exp(-\gamma\ \|x-y\|^2) \tag{8-7}$$

将信息粒化引入支持向量机预测模型弥补了大样本不适用的缺点。构建了支持向量机的模型及参数的选取方法选择，然后给出了模糊粒子算法的原理，并将

模糊粒子算法与支持向量机算法结合，形成新的混沌时间序列预测算法。

【附】基于信息粒化的 SVM 预测算法 MATLAB 源程序

```
% 使用平台-MATLAB 2009b
clc
clear
close all

disp('-----------基于信息粒化的 SVM 模型的混沌时间序列单步预测-----------')
% ----------------------------------------------------------------
% 产生 Logistic 混沌时间序列
lambda=4;
x=0.1;
k1=7e+3;              % 前面的迭代点数
k2=3e+3;              % 后面的迭代点数
f=zeros(k1+k2,length(lambda));
for i=1:k1+k2
    x=lambda.* x.* (1-x);
    f(i,:)=x;
end
data=f(k1+1:end,:);
tic;
% ----------------------------------------------------------------
% 提取数据
ts=data;
time=length(ts);
% 将原始数据进行模糊信息粒化
win_num=floor(time/5);
tsx=1:win_num;
tsx=tsx';
[Low,R,Up]=FIG_D(ts','triangle',win_num);
% 模糊信息粒化可视化图
figure;
hold on;
plot(Low,'b+');
plot(R,'r* ');
```

```
plot(Up,'gx');
hold off;
legend('Low','R','Up',2);
title('模糊信息粒化可视化图','FontSize',12);
xlabel('粒化窗口数目','FontSize',12);
ylabel('粒化值','FontSize',12);
grid on;
print-dtiff-r600 FIGpic;
snapnow;
% 利用 SVM 对 Low 进行回归预测
% 数据预处理,将 Low 进行归一化处理
% mapminmax 为 MATLAB 自带的映射函数
[low,low_ps]=mapminmax(Low);
low_ps.ymin=100;
low_ps.ymax=500;
% 对 Low 进行归一化
[low,low_ps]=mapminmax(Low,low_ps);
% 画出 Low 归一化后的图像
figure;
plot(low,'b+');
title('Low 归一化后的图像','FontSize',12);
xlabel('粒化窗口数目','FontSize',12);
ylabel('归一化后的粒化值','FontSize',12);
grid on;
print-dtiff-r600 lowscale;
% 对 low 进行转置,以符合 libsvm 工具箱的数据格式要求
low=low';
snapnow;
% 选择回归预测分析中最佳的 SVM 参数 c&g
% 首先进行粗略选择
[bestmse,bestc,bestg]=SVMcgForRegress(low,tsx,-10,10,-10,10,3,1,1,
0.1,1);
% 打印粗略选择结果
disp('打印粗略选择结果');
str=sprintf('SVM parameters for Low:Best Cross Validation MSE=% g
Best c=% g Best g=% g',bestmse,bestc,bestg);
disp(str);
```

```
% 根据粗略选择的结果图再进行精细选择
[bestmse,bestc,bestg]=SVMcgForRegress(low,tsx,-4,8,-10,10,3,0.5,0.5,
0.05,1);
% 打印精细选择结果
disp('打印精细选择结果');
str=sprintf('SVM parameters for Low:Best Cross Validation MSE =% g
Best c=% g Best g=% g',bestmse,bestc,bestg);
disp(str);
% 训练 SVM
cmd=['-c ',num2str(bestc),'-g ',num2str(bestg),'-s 3 -p 0.1'];
low_model=svmtrain(low,tsx,cmd);
% 预测
[low_predict,low_mse]=svmpredict(low,tsx,low_model);
low_predict=mapminmax('reverse',low_predict,low_ps);
predict_low=svmpredict(1,win_num+1,low_model);
predict_low=mapminmax('reverse',predict_low,low_ps);
predict_low
% 对于 Low 的回归预测结果分析
figure;
hold on;
plot(Low,'b+');
plot(low_predict,'r* ');
legend('original low','predict low',2);
title('original vs predict','FontSize',12);
xlabel('粒化窗口数目','FontSize',12);
ylabel('粒化值','FontSize',12);
grid on;
print -dtiff -r600 lowresult;
figure;
error=low_predict - Low';
plot(error,'ro');
title('误差(predicted data-original data)','FontSize',12);
xlabel('粒化窗口数目','FontSize',12);
ylabel('误差量','FontSize',12);
grid on;
print -dtiff -r600 lowresulterror;
snapnow;
```

```
% 利用 SVM 对 R 进行回归预测
% 数据预处理,将 R 进行归一化处理
%  mapminmax 为 MATLAB 自带的映射函数
[r,r_ps]=mapminmax(R);
r_ps.ymin=100;
r_ps.ymax=500;
% 对 R 进行归一化
[r,r_ps]=mapminmax(R,r_ps);
% 画出 R 归一化后的图像
figure;
plot(r,'r* ');
title('r 归一化后的图像','FontSize',12);
grid on;
% 对 R 进行转置,以符合 libsvm 工具箱的数据格式要求
r=r';
snapnow;
% 选择回归预测分析中最佳的 SVM 参数 c&g
% 首先进行粗略选择
[bestmse,bestc,bestg]=SVMcgForRegress(r,tsx,-10,10,-10,10,3,1,1,0.1);
% 打印粗略选择结果
disp('打印粗略选择结果');
str=sprintf( 'SVM parameters for R:Best Cross Validation MSE=% g Best 
c=% g Best g=% g',bestmse,bestc,bestg);
disp(str);
% 根据粗略选择的结果图再进行精细选择
[bestmse,bestc,bestg]=SVMcgForRegress(r,tsx,-4,8,-10,10,3,0.5,0.5,
0.05);
% 打印精细选择结果
disp('打印精细选择结果');
str=sprintf( 'SVM parameters for R:Best Cross Validation MSE=% g Best 
c=% g Best g=% g',bestmse,bestc,bestg);
disp(str);
% 训练 SVM
cmd=['-c ',num2str(bestc),'-g ',num2str(bestg),'-s 3 -p 0.1'];
r_model=svmtrain(r,tsx,cmd);
% 预测
[r_predict,r_mse]=svmpredict(r,tsx,low_model);
```

```
r_predict=mapminmax('reverse',r_predict,r_ps);
predict_r=svmpredict(1,win_num+1,r_model);
predict_r=mapminmax('reverse',predict_r,r_ps);
predict_r
% 对于 R 的回归预测结果分析
figure;
hold on;
plot(R,'b+');
plot(r_predict,'r* ');
legend('original r','predict r',2);
title('original vs predict','FontSize',12);
grid on;
figure;
error=r_predict - R';
plot(error,'ro');
title('误差(predicted data-original data)','FontSize',12);
grid on;
snapnow;
% 利用 SVM 对 Up 进行回归预测
% 数据预处理,将 Up 进行归一化处理
% mapminmax 为 MATLAB 自带的映射函数
[up,up_ps]=mapminmax(Up);
up_ps.ymin=100;
up_ps.ymax=500;
% 对 Up 进行归一化
[up,up_ps]=mapminmax(Up,up_ps);
% 画出 Up 归一化后的图像
figure;
plot(up,'gx');
title('Up 归一化后的图像','FontSize',12);
grid on;
% 对 Up 进行转置,以符合 libsvm 工具箱的数据格式要求
Up=Up';
snapnow;
% 选择回归预测分析中最佳的 SVM 参数 c&g
% 首先进行粗略选择
[bestmse,bestc,bestg]=SVMcgForRegress(up,tsx,-10,10,-10,10,3,1,1,0.5);
```

```
% 打印粗略选择结果
disp('打印粗略选择结果');
str=sprintf( 'SVM parameters for Up:Best Cross Validation MSE=% g Best
c=% g Best g=% g',bestmse,bestc,bestg);
disp(str);
% 根据粗略选择的结果图再进行精细选择
[bestmse,bestc,bestg]=SVMcgForRegress(up,tsx,-4,8,-10,10,3,0.5,0.
5,0.2);
% 打印精细选择结果
disp('打印精细选择结果');
str=sprintf( 'SVM parameters for Up:Best Cross Validation MSE=% g Best
c=% g Best g=% g',bestmse,bestc,bestg);
disp(str);
% 训练 SVM
cmd=['-c ',num2str(bestc),'-g ',num2str(bestg),'-s 3 -p 0.1'];
up_model=svmtrain(up,tsx,cmd);
% 预测
[up_predict,up_mse]=svmpredict(up,tsx,up_model);
up_predict=mapminmax('reverse',up_predict,up_ps);
predict_up=svmpredict(1,win_num+1,up_model);
predict_up=mapminmax('reverse',predict_up,up_ps);
predict_up
% 对于 Up 的回归预测结果分析
figure;
hold on;
plot(Up,'b+');
plot(up_predict,'r* ');
legend('original up','predict up',2);
title('original vs predict','FontSize',12);
grid on;
figure;
error=Up_predict - Up';
plot(error,'ro');
title('误差(predicted data-original data)','FontSize',12);
grid on;
toc;
snapnow;
```

8.5　模型检验

为验证基于信息粒化的支持向量机预测算法的有效性，应用预测算法对3种典型的混沌时间序列，即Henon混沌时间序列、Logistic混沌时间序列和Lorenz混沌时间序列进行实证分析。

8.5.1　实验的条件

（1）实验数据预处理

在MATLAB 2009b环境下，采用MATLAB语言编写算法计算程序，并应用MATLAB支持向量机工具箱构建基于信息粒化的支持向量机预测模型。

实验中，Logistic和Henon映射按设定初始值直接迭代，Lorenz映射用四阶Runge-Kutta算法积分，时间序列取x分量。实验的时间序列在去除前面2000点过渡点以后，均取后1500点数据作为实验的训练样本数据。实验数据实验前需要进行归一化处理，这样做的目的就是使数据在以后的运行程序中收敛加快。需要说明的是，并不是所有需要处理的问题都要进行归一化，即这一步根据具体问题的情况可有可无。在大多数的实验中，实验所需的原始数据都归一到闭区间［0，1］中。然而有些数据归一化到0没有实际意义，会影响实验结果。因此，本书应用MATLAB中自带的归一化算法将混沌时间序列数据归一化到0.1～0.9。

（2）SVM参数c和g的选取

实验中采用径向基函数作为SVM的核函数，所以实验只需调整惩罚因子c和核参数g即可。惩罚因子表示的是对离群点的重视程度，有些样本很重要不能舍弃，可以把c的值设置得大一些。但是目标函数的值会随着c值的无限增大而趋向于无穷大，就会使问题变成无解，所以c的选取其实是一个参数寻优的过程。通常的做法是先确定一个c值进行测试，分析测试结果，如果效果不理想再进行调试，直到满意为止。而g的取值与预测精度有关，g值取得过小时，预测样本的拟合效果好，但是测试样本的泛化能力差。g值取得过大时，样本的拟合和预测精度会降低。实验采用传统的网格搜索法对SVM参数进行选取，通过对网格上的每组参数对（c，g）进行泛化能力评价，从而找到最优的参数对。然后使用交叉验证法预测模型中的参数进行泛化能力评价，在MATLAB中实现。

(3) 实验步骤

实验步骤如下。

第 1 步：产生混沌时间序列。

第 2 步：对数据进行预处理。

第 3 步：进行相空间重构。

第 4 步：对数据进行信息粒化。

第 5 步：将准备好的预测数据和选定的参数输入预测模型，通过 MATLAB 软件实现，得到预测结果。

第 6 步：分析预测结果。

8.5.2 仿真实验

采用三角形模糊集对 Henon 混沌时间序列、Lorenz 混沌时间序列、Logistic 混沌时间序列 3 种典型的混沌时间序列进行信息粒化。将窗口大小设定为 5，对 3 组相空间重构后的数据进行模糊信息粒化的效果分别如图 8-1 ~ 图 8-3 所示。用 Low、R、Up 分别表示模糊粒子的 3 个参数，对应的是原始数据变化的最小值、大体平均水平和最大值。

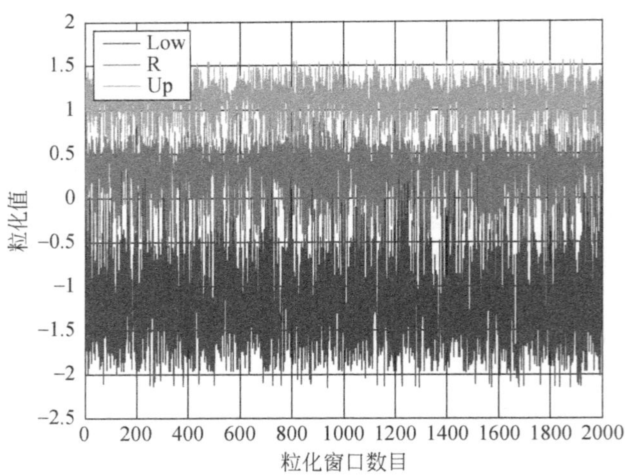

图 8-1 Henon 模糊信息粒化可视图

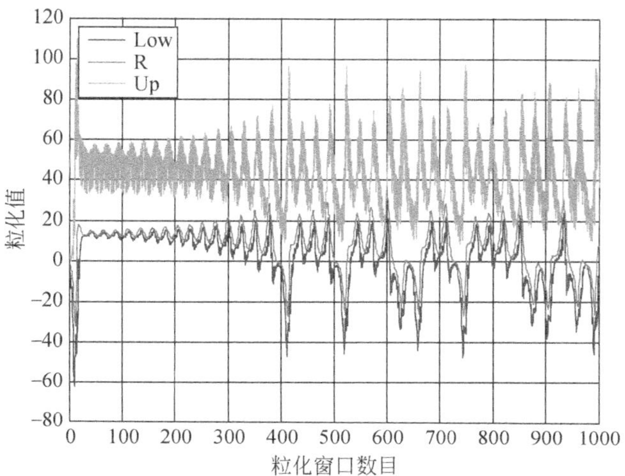

图 8-2　Lorenz 模糊信息粒化可视图

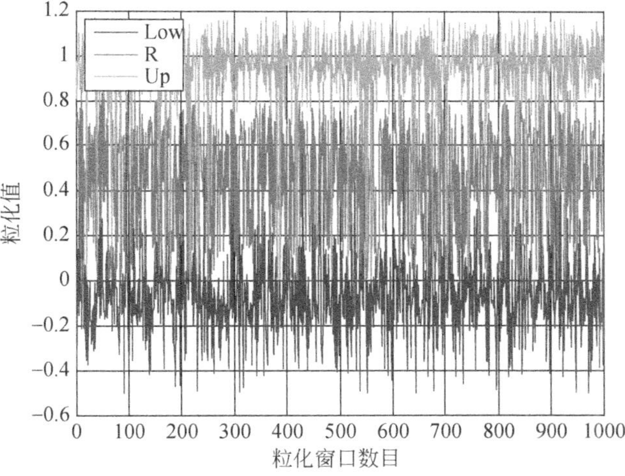

图 8-3　Logistic 模糊信息粒化可视图

接下来分别对 Low、R 和 Up 进行支持向量机回归预测。由于篇幅有限，只给出 3 种混沌时间序列 Low 的预测结果图，略去对 R、Up 预测的结果图，结果如图 8-4 ~ 图 8-6 所示。

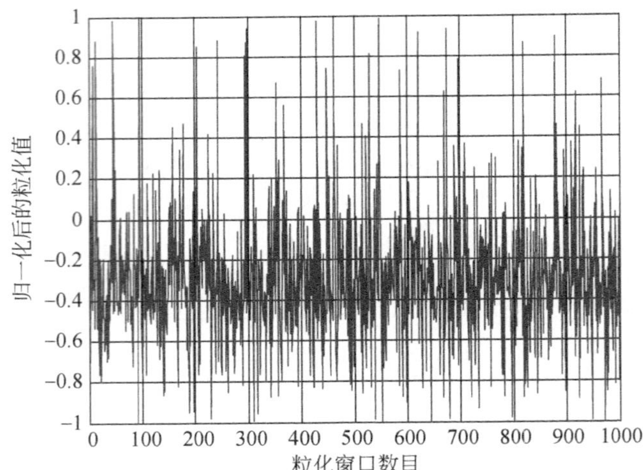

图 8-4 基于 SVM 的 Logistic 混沌时间信息粒化后 Low 归一化结果

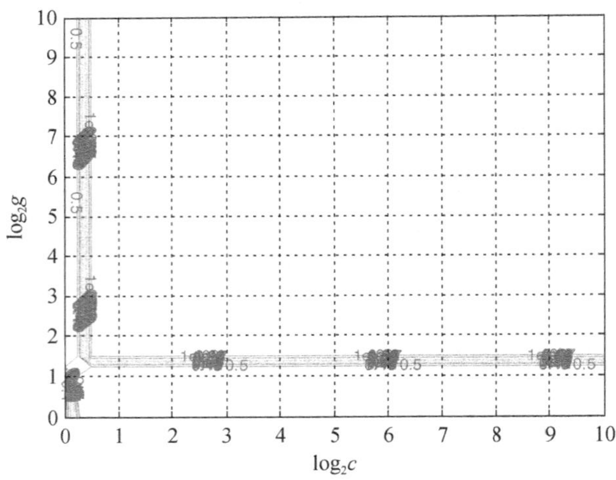

图 8-5 基于 SVM 的 Logistic 混沌时间序列 Low 参数 c 和 g 的粗略选择结果

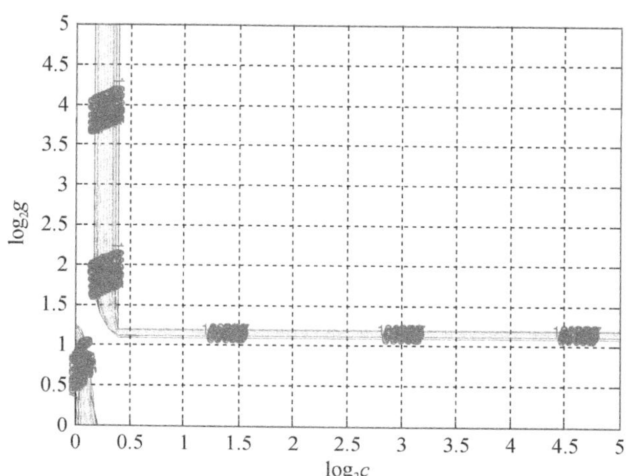

图 8-6　基于 SVM 的 Logistic 混沌时间序列 Low 参数 c 和 g 的精细选择结果

根据图 8-5 和图 8-6 的显示结果选择 c 值较小的数值为：最优 $c=1.319\ 51$，最优 $g=32$。

同理，对 Logistic 混沌时间序列 R 的支持向量机预测中参数 c 和 g 的最优选择为：$c=0.757\ 858$，$g=2.297\ 4$，Up 的支持向量机预测中参数 c 和 g 的最优选择为：$c=0.757\ 858$，$g=2.297\ 4$。

图 8-7 给出了 Lorenz 混沌时间序列信息粒化后 Low 归一化的结果。

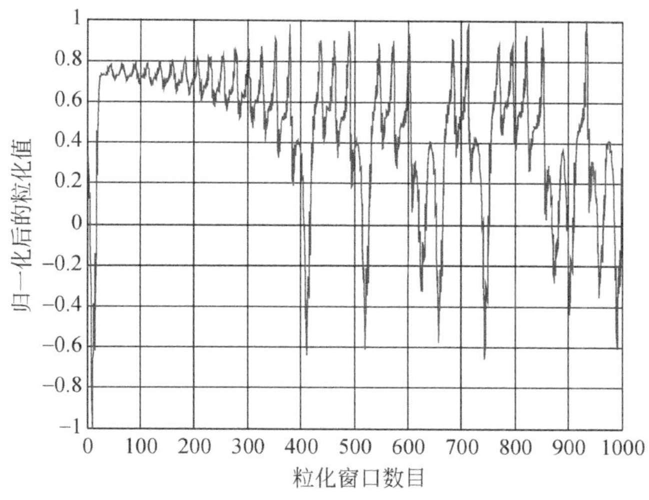

图 8-7　Lorenz 混沌时间序列信息粒化后 Low 归一化

图 8-8 为对于 Lorenz 混沌时间序列 Low 中 SVM 参数 c 和 g 的粗略选择结果。

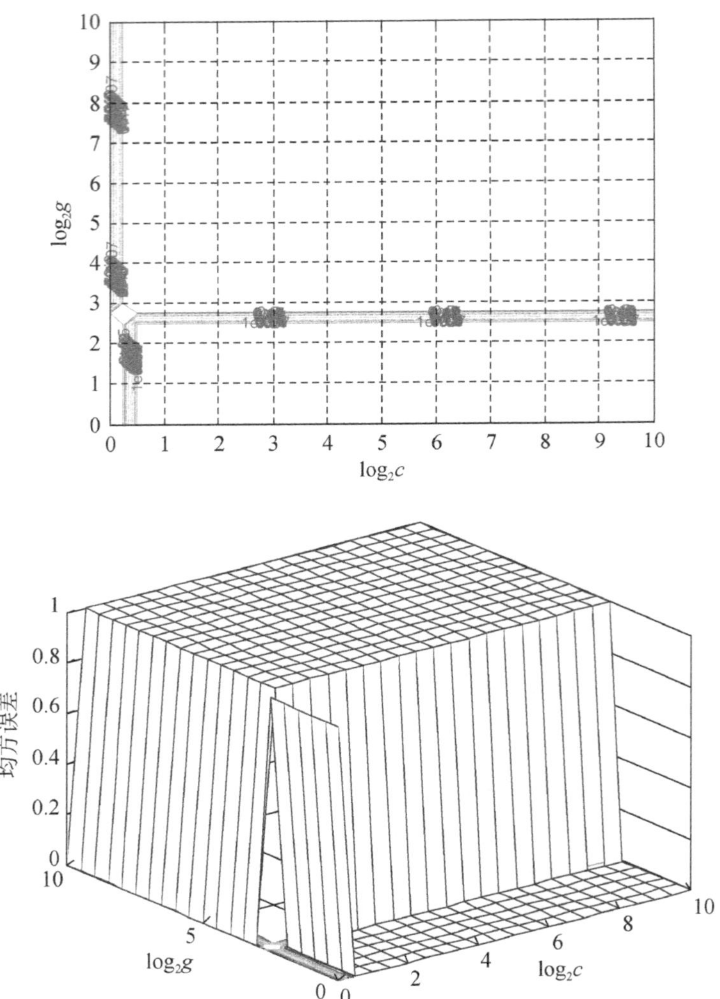

图 8-8 基于 SVM 的 Lorenz 混沌时间序列 Low 参数 c 和 g 的粗略选择结果

图 8-9 为对于 Lorenz 混沌时间序列 Low 中 SVM 参数 c 和 g 的精细选择结果。

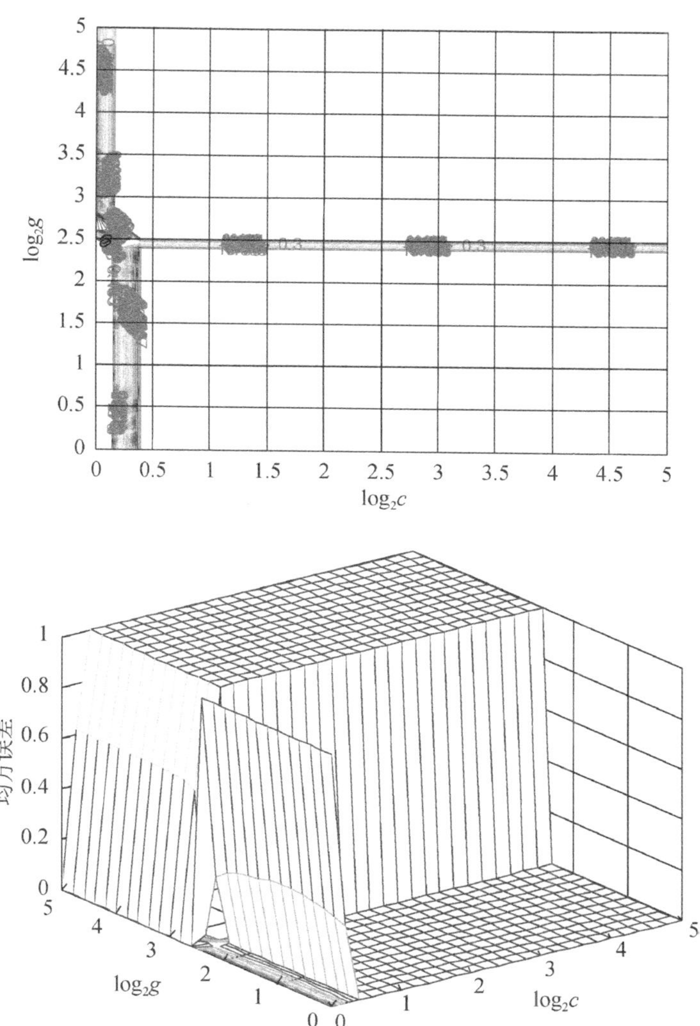

图 8-9　基于 SVM 的 Lorenz 混沌时间序列 Low 参数 c 和 g 的精细选择结果

根据图 8-8 和图 8-9 的显示结果选择 c 值较小的数值为：最优 $c=1$，最优 $g=0.03125$。同样的，对 Logistic 混沌时间序列 R 的支持向量机预测中参数 c 和 g 的最优选择为：$c=1$，$g=0.0625$，Up 的支持向量机预测中参数 c 和 g 的最优选择为：$c=0.143587$，$g=0.0625$。

对于 Henon 混沌时间序列信息粒化后 Low 归一化的结果如图 8-10 所示。

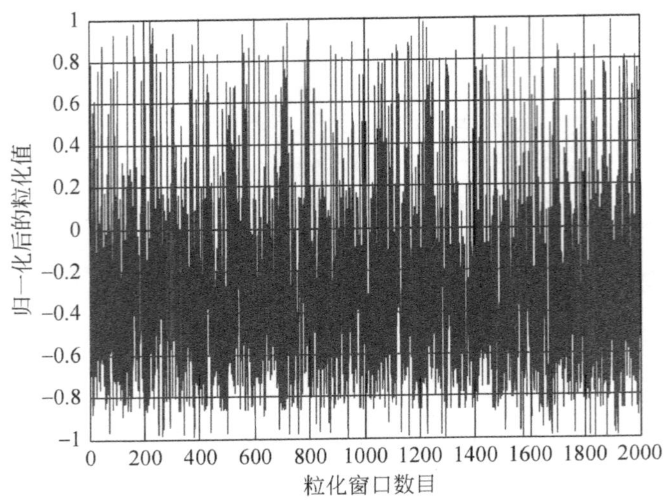

图 8-10 Henon 混沌时间序列信息粒化后 Low 归一化

对于 Henon 混沌时间序列 Low 中 SVM 参数 c 和 g 的粗略选择结果如图 8-11 所示。

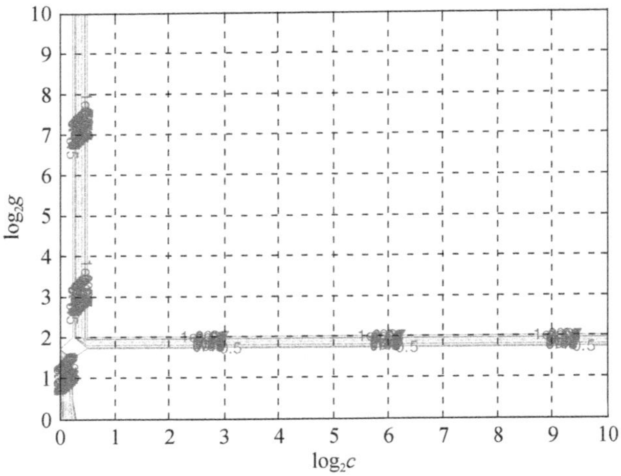

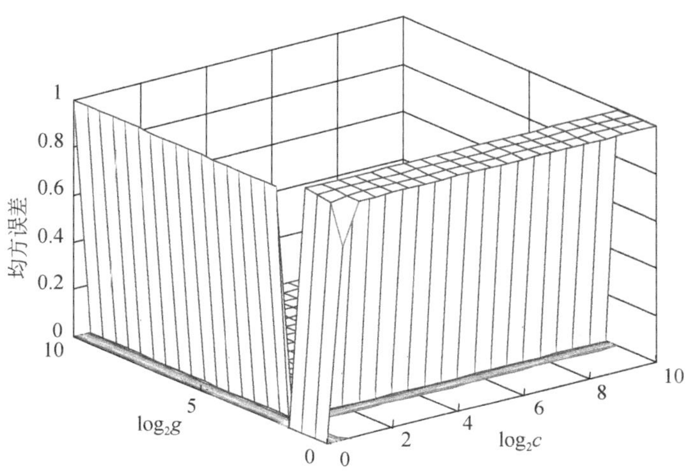

图 8-11　基于 SVM 的 Henon 混沌时间序列 Low 参数 c 和 g 的粗略选择结果

图 8-12 为对于 Henon 混沌时间序列 Low 中 SVM 参数 c 和 g 的精细选择结果。

根据图 8-11 和图 8-12 的显示结果选择 c 值较小的数值为：最优 $c=1.31951$，最优 $g=32$。同样的，对 Henon 混沌时间序列 R 的支持向量机预测中参数 c 和 g 的最优选择为：$c=1.5492$，$g=32$，Up 的支持向量机预测中参数 c 和 g 的最优选择为：$c=1.5236$，$g=32$。

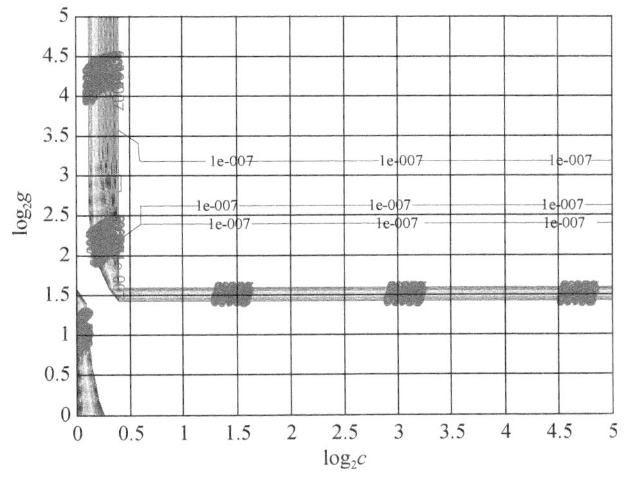

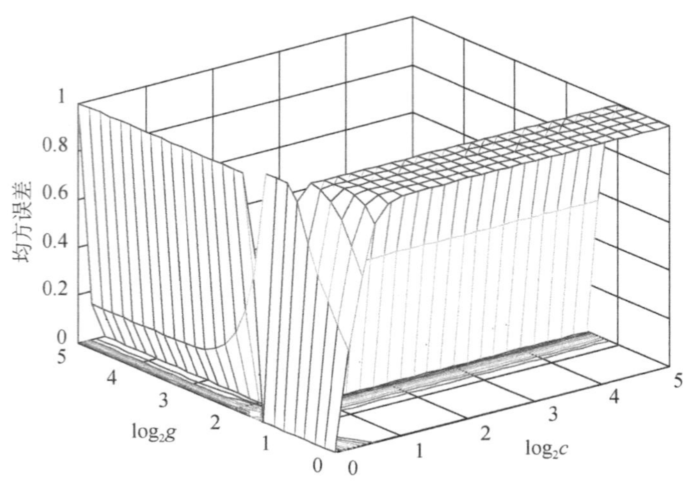

图 8-12 基于 SVM 的 Henon 混沌时间序列 Low 参数 c 和 g 的精细选择结果

(1) Logistic 混沌时间序列的预测仿真

在实验支持向量机对 Logistic 混沌时间序列中，实验次数很多，实验图形只给出了某些具有代表性的实验结果。图 8-13 为样本 3000 时的 Logistic 混沌时间序列 Low 预测值与真实值对比图和误差效果。

用支持向量机方法可以对 Low、R 和 Up 建立模型并对其进行预测从而预测出下一组数据的最小值、平均值和最大值。表 8-1 是 Logistic 混沌时间序列预测结果与真实值的对比表。

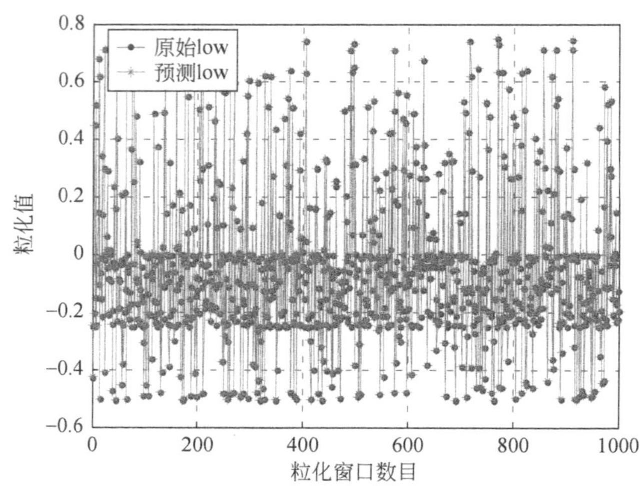

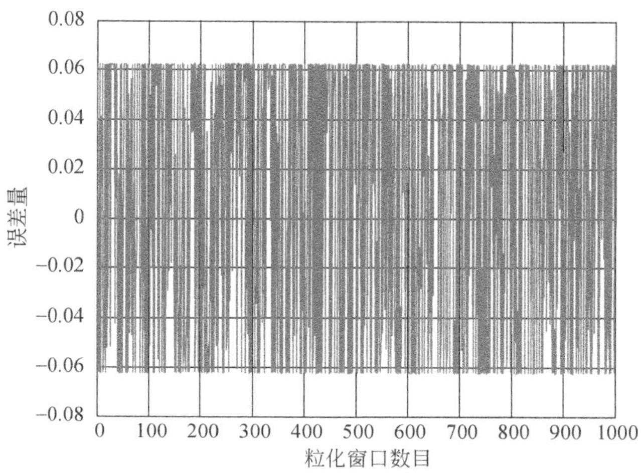

图 8-13　支持向量机对 Logistic 混沌时间序列 Low 的预测误差图

表 8-1　Logistic 混沌时间序列预测结果与真实值的对比

序号	3001	3002	3003	3004	3005	预测变化范围
真实值	0.6218	0.9407	0.2231	0.6933	0.8505	[-0.0325, 1.0138]

(2) Lorenz 混沌时间序列的预测仿真

在实验支持向量机对 Lorenz 混沌时间序列中，由于实验次数很多，在此实验图形不一一列出，书中只给出了某些具有代表性的实验结果。图 8-14 为训练样本为 1500、预测样本为 1000 时的 Lorenz 混沌时间序列预测误差。

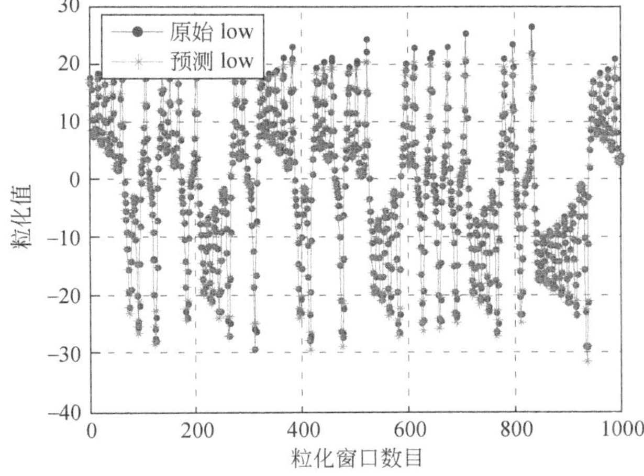

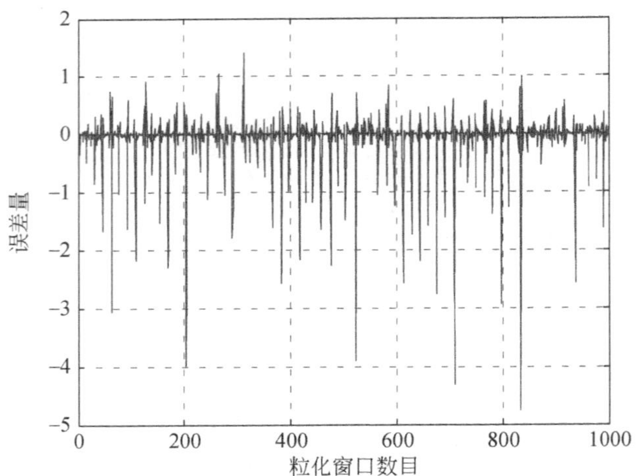

图 8-14 支持向量机对 Lorenz 混沌时间序列的预测误差图

用支持向量机方法可以对 Low、R 和 Up 建立模型并对其进行预测从而预测出下一组数据的最小值、平均值和最大值。表 8-2 是 Lorenz 混沌时间序列预测结果与真实值的对比表。

表 8-2 Lorenz 混沌时间序列预测结果与真实值的对比

序号	3001	3002	3003	3004	3005	预测变化范围
真实值	-17.9386	24.9564	-11.7167	-20.0134	26.0405	[-21.5689, 26.5821]

(3) Henon 混沌时间序列的预测仿真

在实验支持向量机对 Henon 混沌时间序列中，由于实验次数很多，在此实验图形不一一列出，书中只给出了某些具有代表性的实验结果。图 8-15 为训练样本为 1500、预测样本为 1000 时的 Henon 混沌时间序列预测误差。

用支持向量机方法可以对 Low、R 和 Up 建立模型，并对其进行预测，从而预测出下一组数据的最小值、平均值和最大值。表 8-3 是 Henon 混沌时间序列预测结果与真实值的对比表。

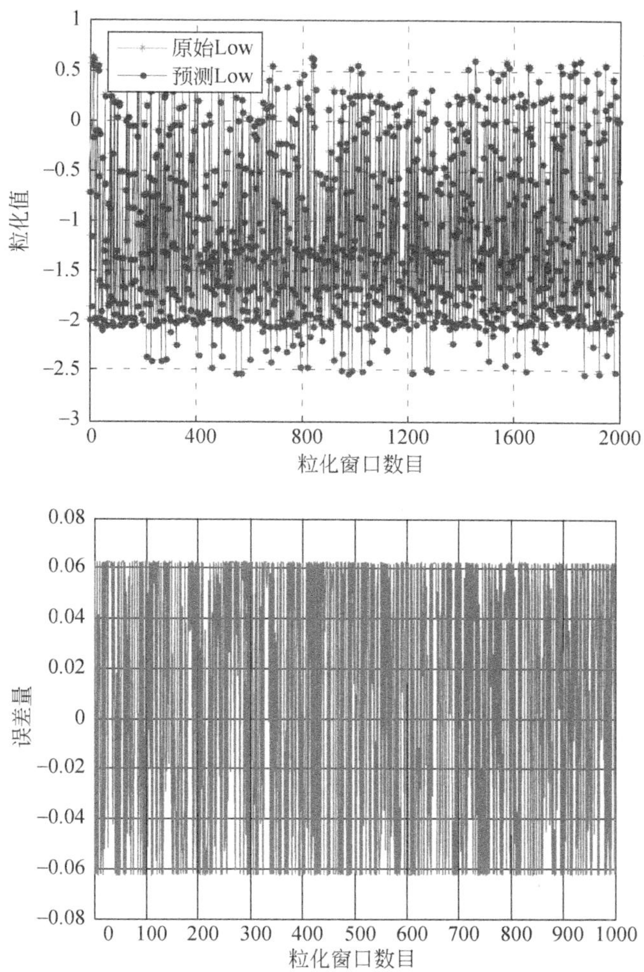

图 8-15　支持向量机对 Henon 混沌时间序列的预测误差图

表 8-3　Henon 混沌时间序列预测结果与真实值的对比

序号	3001	3002	3003	3004	3005	预测变化范围
真实值	-0.0776	1.2699	-1.2809	-0.9162	-0.5593	[-1.3004, 1.2926]

8.5.3 结果分析

混沌时间序列具有长期不可预测性，短期却是可以预测的，而对于SVM及其他的混沌时间序列预测方法，长期预测的精准度偏低。而采用SVM模型对经过模糊信息粒处理后的混沌时间序列进行预测，预测结果的拟合度则会进一步增加。

1）实验结果表明数据得到了很好的拟合，基于模糊信息粒化的支持向量机方法能够准确地确定其大致的波动范围。

2）实验结果虽然符合预测的区间范围，但该结果并不能代表所有的实验结果都能符合预测的区间范围，从理论上给出区间预测的可靠度是下一步需要解决的问题。

3）实验结果图表示预测结果得到了很好的拟合，但本实验预测的精度还没有达到最理想的效果，进一步提高精度是发展的趋势。

4）实验中模糊粒子类型的选择、核函数的选择及参数范围的设定等都具有很大的主观随意性，而这在实证分析中会直接影响预测效果。

前面介绍了基于信息粒化的支持向量机的实验运行环境和预测步骤，以及误差评价模型，并得出实验预测结果。结果表明，基于模糊信息粒化的支持向量机方法的预测准确率较高且可行有效。本实验还表明，该方法的可靠度预测精度稳健性及适应范围等问题还有待进一步研究。

8.6 在城市交通流预测中的应用

为验证基于信息粒化的SVM预测模型的实际应用效果，将预测算法模型对具有典型混沌特征的城市交通流时间序列进行了预测研究。

8.6.1 参数选取

实验仍采用北京四环路交通流量检测器数据，共1302个交通流量数据。

首先对交通流量数据进行相空间重构，其中延迟时间为2，嵌入维数为5。然后利用三角形模糊粒化模型对重构后的数据进行粒化，窗口大小设定为5，结果如图8-16所示。其中，Up、R和Min分别为模糊粒子的3个参数，对应着原始数据中变化的最大值、平均值和最小值。

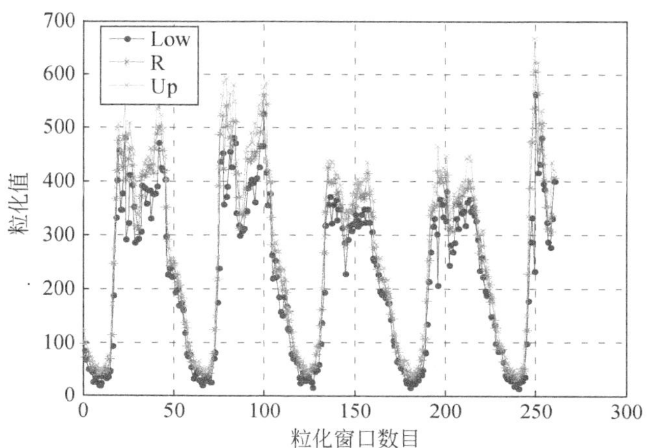

图 8-16　模糊信息粒化可视图

由于对 3 个模糊粒子的回归预测过程类似，为避免重复，这里只给出 Low 的实验结果。首先将 Low 归一化到［0.1，0.9］，结果如图 8-17 所示。

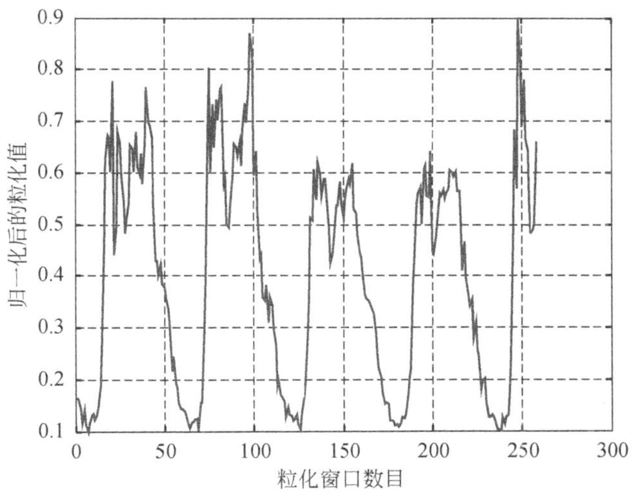

图 8-17　Low 归一化后的图像

采用交叉验证的方法对 Low 选取参数 c、g 的粗略结果如图 8-18 所示。

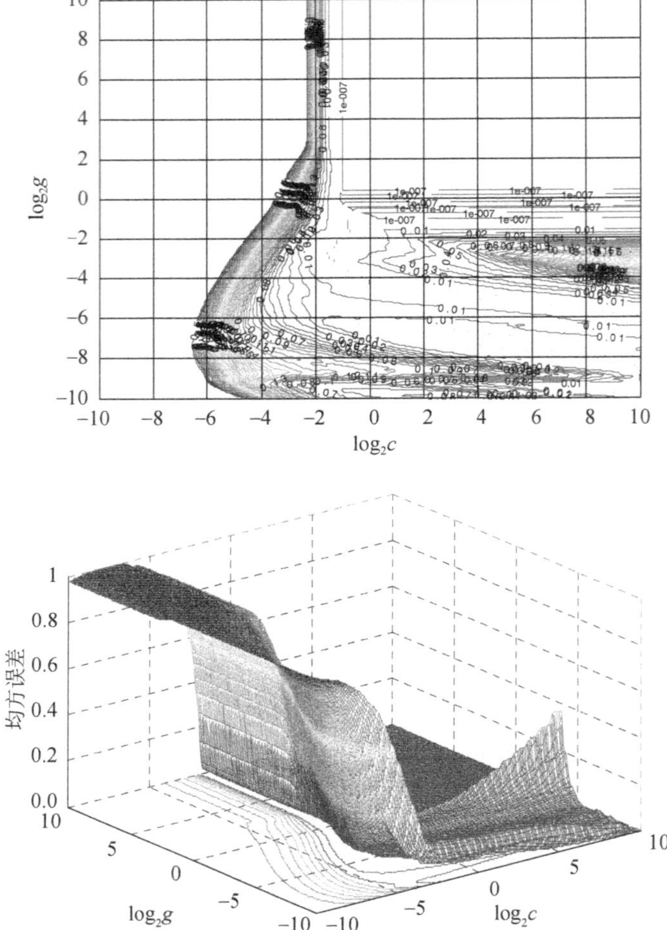

图 8-18 c、g 粗略选择结果

对 Low 选取参数 c、g 的精细结果如图 8-19 所示。

根据图 8-18 和图 8-19 的显示结果选择 c 值较小的数值为：最优 c=0. 406 126，最优 g=0. 116 629。同样的，对交通流数据的 R 参数 c 和 g 的最优选择为：c=0. 406 126，g=0. 116 629，Up 的预测中参数 c 和 g 的最优选择为：c=1，g=32。

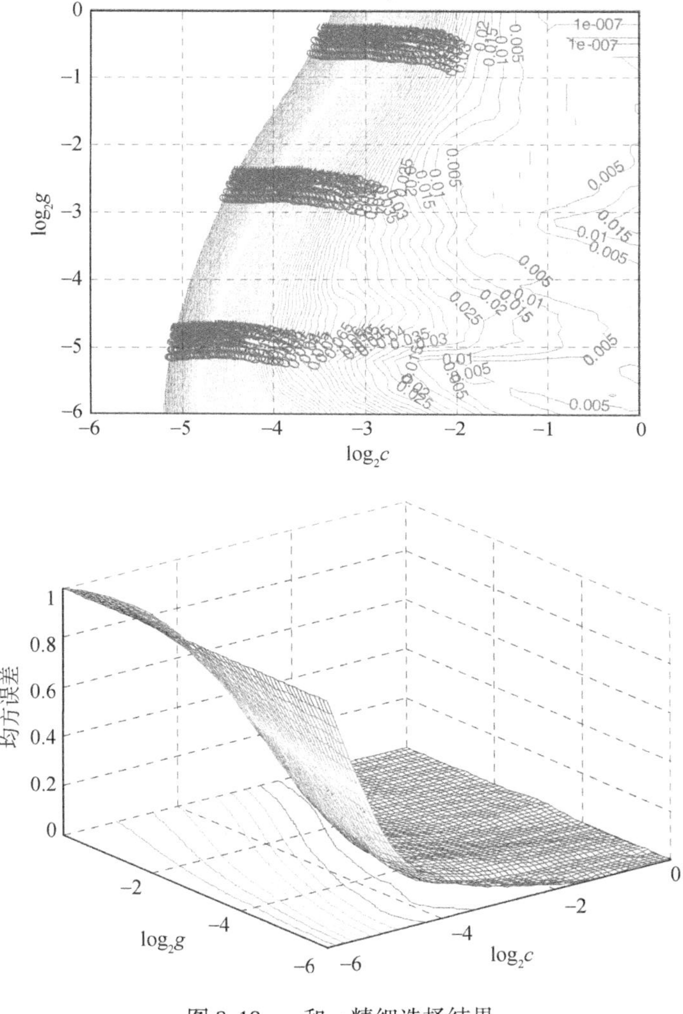

图 8-19　c 和 g 精细选择结果

8.6.2　实验结果

在实验支持向量机对数据预测中，实验次数很多，实验图形只给出了某些具有代表性的实验结果。图 8-20 为样本 300 时的预测误差。

用支持向量机方法可以对 Low 和 Up 建立模型，并对其进行预测。预测出下一个结果分别是：Low 为 230，Up 为 346。实验拟合的结果误差为 0.006。表 8-4

是交通流时间序列预测结果与真实值的对比表。

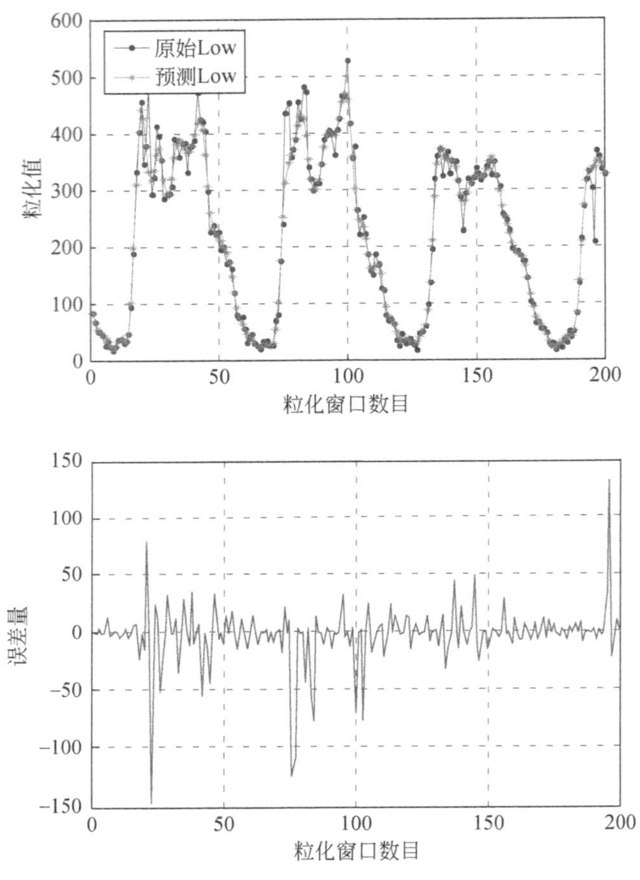

图 8-20　预测结果与误差

表 8-4　交通流时间序列预测结果与真实值的对比

序号	201	202	203	204	205	预测变化范围
真实值	271	333	313	292	315	[230, 346]

8.6.3　结果分析

选取具有混沌特性的交通流数据进行仿真，验证了基于信息粒化的支持向量机混沌时间序列预测模型的有效性。极高的拟合度表明该模型的使用增加了混沌时间序列预测的长期拟合度，对于未来趋势预测更适用。

1）实验结果表明，预测结果与实际数据实现了很好的拟合，能够反映出数据的未来趋势，为应用做指导。

2）本实验验证了该方法的可靠性，同样预测的精度没有达到最理想的效果。

3）误差效果图表明，误差也存在一定的规律，可以改进某些方面进一步减小误差，提高精度。

本节对具有典型混沌特征的城市交通流时间序列进行了预测仿真实验研究，给出了实验过程中获得的结果，得出了最优参数和预期的结果，并对结果进行了分析，验证了算法的有效性。

参 考 文 献

[1] 冯文权，茅奇，周毓萍．经济预测与决策技术．武汉：武汉大学出版社，2002.

[2] 刘金培．经济管理中预测的理论与方法（讲义）．合肥：安徽大学，2012.

[3] 陈友华．组合预测方法有效性理论及其应用．北京：科学出版社，2008．

[4] 韩敏．混沌时间序列预测理论与方法．北京：中国水利水电出版社，2007.

[5] Packard N H，Crutchfleld J P，Farmer J D，et al. Geometry from a time series. Physical Review Letters，1980，45（9）：712-716.

[6] Takens F. Detecting strange attractors in turbulence. Lecture Notes in Mathematics，1981，898：366-381.

[7] Jayawardena A W，Lai F. Analysis and prediction of chaos in rainfall and stream flow time series. Journal of Hydrology，1994，153（1-4）：23-52.

[8] Wilcox B P，Seyfried M S，Matison T H. Searching for chaotic dynamics in snowmelt runoff. Water Resources Research，1991，27（6）：1005-1010.

[9] 丁涛．混沌理论在径流预报中的应用研究．大连：大连理工大学博士学位论文，2004.

[10] 楼玉．混沌时间序列方法在径流预报中的应用研究．杭州：浙江大学硕士学位论文，2005.

[11] 李眉眉．电力负荷混沌特性分析及其预测研究．成都：四川大学博士学位论文，2004.

[12] 雷绍兰．基于电力负荷时间序列混沌特性的短期负荷预测方法研究．重庆：重庆大学博士学位论文，2005.

[13] 天聪．基于混沌理论的短期电力负荷预测．哈尔滨：哈尔滨理工大学硕士学位论文，2007.

[14] 刘振华．基于混沌特性的电力负荷时间序列预测方法研究．成都：西南交通大学硕士学位论文，2004.

[15] 万武辉．利用混沌时间序列预测技术进行电力市场短期电价预测．成都：电子科技大学硕士学位论文，2005.

[16] 郭双冰．混沌时间序列预测及其混沌理论在通信信号调制识别中的应用．成都：电子科技大学博士学位论文，2002.

[17] 荣腾中．基于混沌理论的时间序列分析．成都：西南交通大学硕士学位论文，2003.

[18] 周金勇．混沌时间序列预测模型研究．武汉：武汉理工大学硕士学位论文，2009.

[19] 刘立霞．多变量金融时间序列的非线性检验及重构研究．天津：天津大学博士学位论文，2007.

[20] 陈铿，韩伯棠．混沌时间序列分析中的相空间重构技术综述．计算机科学，2005，

32（4）：67-70.

[21] 安琪．动车组运用计划的优化方法研究．北京：中国铁道科学研究院硕士学位论文，2013.

[22] 段媛．产品合格率时间序列的混沌特性识别及预测．广州：华南理工大学硕士学位论文，2013.

[23] Rosenstein M T，Collins J J，De Luca C J. A practical method for calculating largest Lyapunov exponents from small data sets. Physica D，1993，65：117-134.

[24] Albano A M，Passamante A，Farrell M E. Using higher- order correlation to define an embedding windows. Physica D，1991，54：85-97.

[25] Buzug T，Pfister G. Optimal delay time and embedding dimension for delay time coordinates by analysis of the global static and local dynamical behavior of strange attractors. Physical Review A，1992，45（10）：7073-7084.

[26] 郑会永，刘华强，戴冠中．时间序列分维的 GP 算法．西北工业大学学报，1998，16（1）：28-32.

[27] Broomhead D，King G. Extracting qualitative dynamics perimental data. Physica D，1986，20：217-236.

[28] Martinerie J M，Albano A M，Mees A I. Mutual information strange attractors，and the optimal estimation of dimension. Physical Review A，1992，45：7058-7064.

[29] 郭玉华，陈治亚，冯芳玲，等．基于经济周期的铁路货运量神经网络预测研究．铁道学报，2010，32（5）：1-6.

[30] 陈哲，冯天瑾，张海燕．基于小波神经网络的混沌时间序列分析与相空间重构．计算机研究与发展，2001，38（5）：591-596.

[31] 简相超，郑君里．一种正交多项式混沌全局建模方法．电子学报，2002，30（1）：76-78.

[32] 孟庆芳，彭玉华．混沌时间序列改进的加权一阶局域预测法．计算机工程与应用，2007，43（35）：61-64.

[33] 李克平，陈天仑，刘恒玲．基于混沌算法的自适应预测模型．系统工程理论与实践，2003，23（1）：73-76.

[34] 洪雁．铁路集装箱运输系统规划若干问题研究．北京：北京交通大学博士学位论文，2008.

[35] 孟庆芳．非线性动力系统时间序列分析方法及其应用研究．山东：山东大学博士学位论文，2008.

[36] Aihara K，Takabe T，Toyoda M. Chaotic neural networks. Physice Letters A，1990，144：333-340.

[37] 郭会军，林遂芳，王华民，等．混沌时间序列的自适应正交小波神经网络预测．西安理工大学学报，2008，24（3）：295-300.

[38] 马千里，郑启伦，彭宏，等．基于动态递归神经网络模型的混沌时间序列预测．计算机

应用，2007，27（1）：40-43.
[39] Suykens J A K，Vandewalle J. Learning a simple Recurrent neural state space model to behave like Chua's double scroll. IEEE Transactions on Circuits and Systems I：Fundamental Theory and Applications，1995，42（8）：499-502.
[40] Parlos A G，Rais O T，Atiya A F. Multi-step-ahead prediction using dynamic recurrent neural networks. Neural Network，2000，13（7）：765-786.
[41] 吕金虎，陆君安，陈士华．混沌时间序列分析及其应用．武汉：武汉水利电力大学出版社，2002.
[42] Gleich J. 混沌：开创新科学．张淑誉，译．上海：上海译文出版社，1990.
[43] Gleick J. 混沌学传奇．卢侃，孙建华，译．上海：上海译文出版社，1991.
[44] Lorenz E N. Deterministic non-periodic flows. Journal of Atmospheric Science，1963，20（2）：130-141.
[45] Parker T S，Chua L O. Practical numerical algorithms for chaotic systems. New York：Spring-Verlag World Publishing Corp，1989.
[46] Parker T S，Chua L O. Chaos：a tutorial for engineers. Proceedings of the IEEE，1987，75（8）：982-1008.
[47] Greenwood A. Science at the Frontier. New York：National Academy Press，1992.
[48] Li T Y，Yorke J A. Period three implies chaos. American Mathematical Monthly，1975，82：985-992.
[49] Smale S. Diffeomorphisms with many periodic points// Cairms S. Differential and Combinatorial Topology. Princeton：Princeton University Press.
[50] 郝柏林．从抛物线谈起——混沌动力学引论．上海：上海科技教育出版社，1993.
[51] Nicolis C，Nicolis G. Is there a climatic attractor. Nature，1984，311（5986）：529-532.
[52] Fraedrich K. Estimating the dimension of weather and climate attractor. Journal of the Atmospderic Sciences，1986，43（5）：419-432.
[53] Kurths J，Herzel H. An attractor in solar time series. Physica D，1987，25：165-172.
[54] Hense A. On the possible existence of a strange attractor for the Southern Oscillation. Bectr. Physical A，1987，60（1）：34-37.
[55] Rodriguez-Iturbe I，Power B F D，Sharifi M B，et al. Chaos in rainfall. Water Resources Research，1989，25（7）：1667-1675.
[56] Grassberger P，Procaccia I. Measuring the strangeness of strange attractors. Physica D，1983，9（1-2）：189-208.
[57] Chen G，Lai D. Feedback anticontrol of discrete chaos. International Journal of Bifurcation & Chaos，1998，8（7）：1585-1590.
[58] Jayarwardena A W，Lai F. Analysis and prediction of chaos in rainfall and stream flow time series. Journal of Hydrology，1994，（753）：23-52.
[59] 林振山．气候建模、诊断和预测研究．北京：气象出版社，1996.

[60] 丁涛，周惠成，黄健辉．混沌水文时间序列区间预测研究．水利学报，2004，(12)：15-20.

[61] 骆晨钟，张志强，邵惠鹤．混沌搜索方法及其在化工过程优化中的应用．化工学报，2000，51（6）：757-760.

[62] 李月，杨宝俊，赵学平，等．检测地震勘探微弱同相轴的混沌振子算法．地球物理学报，2005，48（6）：1428-1433.

[63] 殷光伟，郑丕谔．基于小波与混沌集成的中国股票市场预测．系统工程学报，2005，20（2）：70-74.

[64] 毛亚林，张国忠，朱斌，等．基于混沌模拟退火神经网络模型的电力系统经济负荷分配．中国电机工程学报，2005，25（3）：67-72.

[65] Chiang H D，Liu C W，Varaiya P P，et al. Chaos in a simple power system. IEEE Transactions on Power Systems，1993，8（4）：1407-1417.

[66] 王东山，贺国光．交通流混沌研究综述与展望．土木工程学报，2003，36（1）：68-73.

[67] Dendrinos D S. Traffic-flow Dynamics：A Search for Chaos. Chaos，Solitons & Fractals，1994，4（4）：605-617.

[68] Low D J，Addison P S. Chaos in a car-following model including a desired inter-vehicle separation. Proceedings of the 28th ISATA Conference. Stuttgart，Germany，1995：539-546.

[69] 张智勇，荣建，任福田．跟驰车队中的混沌现象研究．土木工程学报交通工程分册，2001，(1)：58-59.

[70] Safonov L A，Tomer E，Strygin V V，et al. Delay-induced chaos with multiracial attractor in a traffic flow model. Europhysics Letters，2002，57（2）：151-157.

[71] Shahverdiev E M，Tadaki S I. Instability control in two-dimensional traffic flow model. Physics Letters A，1999，256（1）：55-58.

[72] 贺国光，万兴义．基于混沌判据评价几类跟驰模型合理性的仿真研究．系统工程理论与实践，2004，24（4）：123-129.

[73] 卢宇，贺国光．基于改进型替代数据法的实测交通流的混沌判别．系统工程，2005，23（6）：24-27.

[74] 陈淑燕，王炜．基于 Lyapunov 指数的交通量混沌预测方法．土木工程学报，2004，(9)：98-101.

[75] 王进，史其信．基于延迟坐标状态空间重构的短期交通流预测研究．ITS 通讯，2005，(1)：14-18.

[76] 唐阳山，李江，田育耕，等．交通冲突量的混沌预测．吉林大学学报（工学版），2005，35（6）：646-648.

[77] 杨立才，贾磊，何立琴，等．基于混沌小波网络的交通流预测算法研究．山东大学学报（工学版），2005，35（2）：46-49，98.

[78] Devaney R L. An introduction to chaotic dynamical systems. New York：Addivon-Weslay，1989.

[79] 陈士华，陆君安．混沌动力学初步．武汉：武汉水利电力大学出版社，1998.

[80] 洛伦兹．混沌的本质．刘适达，译．北京：气象出版社，1997.

[81] 苗东升，刘华杰．混沌学纵横论．北京：科学出版社，1993.

[82] 王东生，曹磊．混沌、分形及其应用．合肥：中国科学技术大学出版社，1995.

[83] 刘秉正．非线性动力学与混沌基础．长春：东北师范大学出版社，1994.

[84] Morrison F. The Art of Modeling Dynamic Systems：Forecasting for Chaos，Randomness，and Determinism. New York：John Wiley，1991.

[85] Lasota A，Mackey M C. Chaos，Fractals，and Noise：Stochastic Aspects of Dynamics. New York：Springer-Verlag，1994.

[86] Tabor M. Chaos and Integrability in Nonlinear Dynamics：An Introduction. New York：John Wiley，1989.

[87] Sauer T，Yorke J A，Casdagli M. Embedology. Journal of Statistical Physics，1991，65（3-4）：579-616.

[88] Ding M，Grebogi C，Ott E，et al. Estimating correlation dimension from a chaotic time series：when does plateau onset occur. Physica D-Nonlinear Phenomena，1993，69（3-4）：404-424.

[89] 王海燕，盛昭瀚．混沌时间序列相空间重构参数的选取方法．东南大学学报（自然科学版），2000，30（5）：113-117.

[90] Kim H S，Eykholt R，Salas J D. Nonlinear dynamics，delay times，and embedding windows. Physica D Nonlinear Phenomena，1999，127（1-2）：48-60.

[91] Abarbanel H D I，Brown R，Sidorowich J J，et al. The analysis of observed chaotic data in physical systems. Reviews of Modern Physics，1993，65（4）：1331-1392.

[92] 张智晟，孙雅明，王兆峰，等．优化相空间近邻点与递归神经网络融合的短期负荷预测．中国电机工程学报，2003，23（8）：44-49.

[93] 林嘉宇，王跃科，黄芝平．语音信号相空间重构中的时间延迟的选择——复自相关法．信号处理，1999，15（3）：220-225.

[94] 刘延柱，陈立群．非线性动力学．上海：上海交通大学出版社，2000.

[95] 黄胜伟，郑天柱，王得信．可视化分析非线性强迫振动的混沌现象．河海大学学报，2002，（3）：42-46.

[96] 李韶华，杨绍普．具有滞后非线性的汽车悬架中的混沌．振动、测试与诊断，2003，（2）：86-89.

[97] 于国安，黄胜伟，方维凤．混沌吸引子特征的计算机模拟分析．计算机与现代化，2003，（5）：14-16.

[98] 韦岗，陆以勤，欧阳景正．混沌、分形理论与语音信号处理．电子学报，1996，（1）：34-39.

[99] 张培琨，张纪岳．三次谐波系统动态行为的 Lyapunov 指数分析．量子电子学报，1997，（6）：487-492.

[100] 李开富，李立．双杆摆机构中混沌现象的数值分析．机械科学与技术，2002，（4）：596-599.

[101] Kaplan J L, Yorke J A. Chaotic Behavior of Multidimensional difference equations. Lecture Notes in Mathematics, 1979, 730: 204-227.

[102] Pesin Y B. Families of invariant manifolds corresponding to non- zero characteristic exponents. Mathematics of the USSR-Izvestija, 1976, 10 (6): 1261-1305.

[103] 董恩增，陈增强，袁著祉．Rossler超混沌系统的多变量广义预测控制．系统仿真学报，2006，(9)：2521-2524.

[104] Kantz H, Schreiber T. Nonlinear Time Series Analysis. Cambridge: Cambridge University Press, 2004.

[105] Principle J C. Neural networks for dynamics modeling. Signal Processing Magazine IEEE, 1997, 14 (6): 33-35.

[106] Aguirre L A, Billings S A. Identification of models for chaotic systems from noisy data: implications for performance and nonlinear filtering. Physica D Nonlinear Phenomena, 1995, 85 (1-2): 239-258.

[107] Crutchfield J P, Mcnamara B S. Equations of motion from a data series. Complex Systems, 1987, 1 (1): 452.

[108] Casdagli M. Nonlinear prediction of chaotic time series. Physica D Nonlinear Phenomena, 1989, 35 (3): 335-356.

[109] Sugihara G, May R M. Nonlinear forecasting as a way of distinguishing from measurement error in time series. Nature, 1990, 344 (6268): 734-741.

[110] Gong X F, Lai C H. Improvement of the local prediction of chaotic time series. Physical Review E Statistical Physics Plasmas Fluids & Related Interdisciplinary Topics, 1999, 60 (5 Pt A): 5463-5468.

[111] Alparslan A K, Sayar M, Atilgan A R. State- space prediction model for chaotic time series. Physical Review E, 1998, 58 (2): 2640-2643.

[112] Weigend A S, Gershenfeld N A. Time seies prediction: forecasting the future and understanding the past. Addison-Wesley Publishing Company, 1994.

[113] Suykens J A K, Vandewalle J. Nonlinear Modeling: Advanced Black-box Techniques. Boston: Kluwer Academic Publishers, 1998.

[114] Farmar J D, Sidorowich J J. Predicting chaotic time series. Physical Review Letters, 1987, 59 (8): 8452-8480.

[115] 侯越先，何丕廉，王雷．适用于高必要嵌入维的混沌时间序列预测算法．天津大学学报（自然科学与工程技术版），1999，(32)：594-598.

[116] 丁涛，周惠成．混沌时间序列局域预测模型及其应用．大连理工大学学报，2004，44 (3)：445-448.

[117] Fang F, Wang H. Local polynomial prediction method of multivariate chaotic time series and its application. Journal of Southeast University, 2005, 21 (2): 229-232.

[118] Kugiumzis D. State space local linear prediction. Depart of statistics, University of Glasgow

Report, 2000.

[119] Zbiec K. A linear approximation method in prediction of chaotic time series. Studies inlogic, grammar and rhetoric, 2007, 11 (24): 61-66.

[120] 王桓. 电力时间序列的混沌识别与短期预测. 长沙：湖南大学博士学位论文，2009.

[121] Lapedes A S, Farber R F. Nonlinear Signal Processing Using Neural Networks: Prediction and System Modeling. IEEE International Conference on Neural Networks, 1987.

[122] Bakker R. Learning chaotic attractors by neural networks. Neural Computation, 2000, 12 (10): 2355-2383.

[123] Leung H. Prediction of noisy time series using an optimal radial basis function neural etwork. IEEE Trans. Neural network, 2001, 12 (5): 1163-1172.

[124] Espinoza M, Suykens J A K, Moor B D. Short Term Chaotic Time Series Prediction using Symmetric LS-SVM Regression. Katholieke Universiteit Leuven, department of electrical engineering. Report, 2005.

[125] 马军海，陈予恕，辛宝贵. 基于非线性混沌时序动力系统的预测方法研究. 应用数学和力学，2004，25（6）：551-557.

[126] Han M. Prediction of chaotic time series based on the recurrent predictor neural network. IEEE Transactions on Signal Processing, 2004, 52 (12): 3409-3416.

[127] Varadan V, Leung H. Reconstruction of polynomial systems from noisy time series measurements using genetic programming. Industrial Electronics IEEE Transactions on Signal Processing, 2001, 48 (4): 742-748.

[128] Xie N, Leung H. Reconstruction of piecewise chaotic dynamic using a genetic algorithm multiple model approach. IEEE Trans. Circuits & Systems I Regular Papers IEEE Transactions on Signal Processing, 2004, 51 (6): 1210-1222.

[129] 张家树，肖先赐. 混沌时间序列的 Volterra 自适应预测. 物理学报，2000，49（3）：403-408.

[130] 张家树，肖先赐. 用于混沌时间序列自适应预测的一种少参数二阶 Volterra 滤波器. 物理学报，2001，50（3）：1248-1254.

[131] 张家树，肖先赐. 混沌时间序列的自适应高阶非线性滤波预测. 物理学报，2000，49（7）：1221-1227.

[132] 甘建超，肖先赐. 基于相空间邻域的混沌时间序列自适应预测滤波器 I 线性自适应滤波. 物理学报，2003，2（5）：1096-1101.

[133] 甘建超，肖先赐. 基于相空间邻域的混沌时间序列自适应预测滤波器 II 非线性自适应滤波. 物理学报，2003，52（5）：1102-1107.

[134] 彭继兵，唐春艳. 基于变维分形理论的卡尔曼滤波实时跟踪预测模型在股票价格预测中的应用. 计算机工程与应用，2005，41（13）：218-220，223.

[135] 闫华，魏平，肖先赐. 基于 Bernstein 多项式的自适应混沌时间序列预测方法. 物理学报，2007，56（9）：5111-5118.

［136］张代远．神经网络新理论与方法．北京：清华大学出版社，2006.

［137］张乃尧，阎平凡．神经网络和模糊控制．北京：电子工业出版社，1998.

［138］赵振宇，徐用懋．模糊理论和神经网络的应用基础．北京：清华大学出版社，1996.

［139］Cao L Y，Hong Y G，Fang H P，et al. Predicting chaotic time series with wavelet networks. Physica D，1995，85（1/2）：225-238.

［140］Chen L，Aihara K. Strange attractor in chaotic neural networks. IEEE Transactions on Circuits and Systems Part I：Fundamental theory and Applications，2000，47（10）：1455-1468.

［141］荆涛，徐勇，宋建中，等．混沌神经网络编码研究．系统工程与电子技术，1999，21（2）：32-38.

［142］Cheng B，Titterington D M. Neural networks：A review from a statistical perspective. Statistical Science，1994，9（1）：2-5.

［143］刘彦文．上市公司财务危机预警模型研究．大连：大连理工大学博士学位论文，2009.

［144］陈桦，程云艳．BP 神经网络算法的改进及在 MATLAB 中的实现．陕西科技大学学报，2004，22（2）：45-47.

［145］康立山，谢云，尤矢勇，等．非数值并行算法（第 1 册）——模拟退火算法．北京：科学出版社，1998.

［146］Yip P P，Pao Y H. Combinatorial optimization with use of guided evolutionary simulated annealing. IEEE Transactions on Neural Networks，1995，6（2）：290-295.

［147］杨启文，韩玉兵．BP 自适应学习率设计．河海大学常州分校学报，2001，（3）：21-24.

［148］闻新，周露，李翔，等．MATLAB 神经网络仿真与应用．北京：科学出版社，2003.

［149］魏海坤，徐嗣鑫，宋文忠．神经网络的泛化理论和泛化方法．自动化学报，2001，（6）：806-815.

［150］Sietsma J，Dow R J F. Creating artificial neural networks that generalize. Neural Networks，1991，4（1）：67-79.

［151］阎平凡，张长水．人工神经网络与模拟进化计算．北京：清华大学出版社，2005.

［152］刘金琨．RBF 神经网络自适应控制 MATLAB 仿真．北京：清华大学出版社，2014.

［153］陈玉红．RBF 神经网络在时间序列预测中的应用研究．哈尔滨：哈尔滨工程大学硕士学位论文，2009.

［154］刘锋，唐佳，仲红．一种基于 RBF 神经网络的 XML 文本分类方法．计算机技术与发展，2009，19（8）：34-36.

［155］方卫宁，胡清梅，李娜，等．基于 RBF 神经网络的复杂场景人群目标的识别．北京交通大学学报，2009，33（4）：29-33.

［156］姚跃华，牛园园．基于 RBF 神经网络的 CPI 预测．计算机应用与软件，2010，27（10）：92-94.

［157］陈敏．基于 BP 神经网络的混沌时间序列预测模型研究．长沙：中南大学硕士学位论文，2007.

［158］李松，刘力军，谷晨．混沌时间序列预测模型的比较研究．计算机工程与应用，2009，

45 (32): 53-56.
[159] 刘力军，李松，解永乐．短时交通流混沌预测模型的比较研究．数学实践与认识，2011，41 (17): 106-114.
[160] Holland J H. Adaptation in Natural and Artificial Systems: An Introductory Analysis with Applications to Biology, Control and Artificial Intelligence. Cambridge: MIT Press, 1992.
[161] 李敏强，寇纪淞，林丹，等．遗传算法的基本原理与应用．北京：科学出版社，2003.
[162] 潘正君，康立山，陈毓屏．演化计算．北京：清华大学出版社，1998.
[163] Greenwood G W, Hu X S, Ambrosia J G. Fitness functions for multiple objective optimization problems: Combining preferences with pare to rankings// Below R K, Vase M D. Foundations of Genetic Algorithms. San Francisco, California: Morgan Kaufmann, 1996.
[164] 刘勇，康立山，陈毓屏．非数值并行算法（第二册）．北京：科学出版社，2000.
[165] 王小平，曹立明．遗传算法理论应用与软件实现．西安：西安交通大学出版社，2002.
[166] 李松，罗勇，张铭锐．遗传算法优化 BP 神经网络的混沌时间序列预测．计算机工程与应用，2011，47 (29): 52-55.
[167] 马明，李松．基于遗传算法优化混沌神经网络的股票指数预测．商业研究，2010，(11): 10-13.
[168] 李松，刘力军，解永乐．遗传算法优化 BP 神经网络的短时交通流混沌预测．控制与决策，2011，26 (10): 1581-1585.
[169] Kennedy J, Eberhart R C. Particle swarm optimization. IEEE International Conference on Neural Networks, 1995, 4 (8): 1942-1948.
[170] 纪震，廖惠连．粒子群算法及应用．北京：科学出版社，2009.
[171] Ling S H, Iu H H C, Leung F H F, et al. Improved hybrid particle swarm optimized wavelet neural network for modeling the development of fluid dispensing for electronic packaging. IEEE Transactions on Industrial Electronics, 2008, 55 (9): 3447-3460.
[172] 李松，刘力军，刘颖鹏．改进 PSO 优化 BP 神经网络的混沌时间序列预测．计算机工程与应用，2013，49 (6): 245-248.
[173] 李松，刘力军，翟曼．改进粒子群算法优化 BP 神经网络的短时交通流预测．系统工程理论与实践，2012，32 (9): 2045-2049.
[174] Vapnik V N. The Nature of Statistical Learning Theory. New York: Springer-Verlag, 1995.
[175] 安金龙．支持向量机若干问题的研究．天津：天津大学博士学位论文，2004.
[176] 范昕炜．支持向量机算法的研究及其应用．杭州：浙江大学博士学位论文，2003.
[177] Abu-Mostafa Y S. The Vapnik- Chervonenkis dimension: information versus complexity in learning. Neural Computation, 1989, 1 (3): 312-317.
[178] Koiran P, Sontag E D. Vapnik-Chervonenkis dimension of recurrent neural networks. European Conference on Computational Learning Theory, 1997, 86 (1): 223-237.
[179] Vapnik V, Levin E, Cun Y. Measuring the VC-dimension of a learning machine. Neural Computation, 1994, 6 (5): 851-876.

[180] Vapnik V N. An overview of statistical learning theory. IEEE Transactions on Neural Networks, 1999, 10 (5): 988-999.

[181] 王朝．基于 SVM 的混沌时间序列预测方法研究．保定：河北大学硕士学位论文，2012.

[182] Zadeh L A. Towards a theory of fuzzy information granulation and its centrality in human reasoning and fuzzy logic. Fuzzy Sets and System, 1997, 90 (90): 111-127.

[183] Pedrycz W. Allocation of information granularity in optimization and decision-making models: Towards building the foundations of Granular Computing. European Journal of Operational Research, 2014, 232 (1): 137-145.

[184] Zadeh L A. Fuzzy sets. Information & Control, 1965, 8 (3): 338-353.

[185] 王柳．基于信息粒化的 SVM 混沌时间序列预测算法及应用．保定：河北大学硕士学位论文，2014.

[186] Ito K, Nakano R. Optimizing support vector regression hyperparameters based on Cross-validation. Proceedings of the International Joint Conference on Neural Networks. Portland, 2003: 2077-2082.

[187] Wahba G, Lin Y, Zhang H. Margin-like quantities and generalized approximate cross validation for support vector machines. Proceedings of the 1999 IEEE Signal Processing Society Workshop on Neural Networks for Signal Proceessing IX. New York, 1999: 12-20.